専門店が教える グッピーの飼い方

～失敗しない繁殖術から魅せるレイアウト法まで～

アクアリウムショップ BLUE PLANET 監修

はじめに

熱帯魚の中でも、特にグッピーと私たち日本人との付き合いの歴史は古く、それは 1920 年代、大正時代に始まったと言われています。そんなグッピーには、熱帯魚を飼育する人の間で昔から言われていることに「グッピーに始まりグッピーで終わる」という言葉があります。

グッピーは飼育が比較的簡単で、だれでも熱帯魚に関心を持ったときに一番最初に飼い始める魚となる、まさに熱帯魚の入門魚です。

そのように、簡単に飼育できることだけが魅力かというと決してそうではありません。

観賞用としても、その美しさは十分楽しめます。「グッピーは色の天才」と言われるように、その色の豊富さは熱帯魚随一と言っても過言ではありません。また、温和な性格のためにさまざまな魚と混泳する姿も楽しめます。さらに、繁殖が容易なため、オスとメスが一緒にいれば、水槽内ではどんどんと個体が増えていき、繁殖の楽しさや稚魚を育て上げる楽しさも加わります。そしてさらにご自分好みの体色や尾の模様・形を作出していくこともできます。まさに飼育の初級者から上級者まで楽しむことができる魅力ある魚がグッピーなのです。

本書は、グッピーの飼育をこれから始めようとしている人や、すでに飼っている人にも、グッピーの飼育に関する必要不可欠な基礎知識の習得と、より楽しむためのヒントにしていただければ幸いです。楽しいグッピーライフを送っていただく一助になれば幸いです。

そして願わくば、ご自身で新しい品種の開発にチャレンジしていただき、各地で開催されるコンテスト（一般の人も参加ができるコンテストも多い）などに参加し、グッピーの魅力をより多くの人に伝えていただければこれほど嬉しいことはありません。

監修者　BLUE　PLANET　代表　濱野宏司

専門店が教える　グッピーの飼い方
失敗しない繁殖術から魅せるレイアウト法まで

CONTENTS

第1章　グッピーを飼おう

第2章　グッピーを世話しよう

第3章　グッピーの繁殖と稚魚の保護・飼育

第４章　グッピーの体の不調・病気への対処法

第５章　観賞して楽しもう

第1章

グッピーを飼おう

本章では、グッピーに関する基礎知識と飼育する
上での必要な用具などの説明をいたします。

コツ1 グッピーの基本を確認しておこう ①基本の生態情報

発見者レクメア・グッピーの名前から付けられた「グッピー」は、その後その名が広く知れ渡るようになると、親しみやすい名前とその美しい体型に魅せられて多くの愛好家を生み出しました。本項では、そんなグッピーの基本情報を確認しておきましょう。

その1　グッピーのルーツを知る　～原産地など～

グッピーが人々に知られるようになったのは、1850年代のこと、南米北部のトリニダードにてイギリスの植物学者レクメア・グッピーによって発見されたことに始まります。

原産地としてはそのほかに、ブラジル、ベネズエラ、コロンビア、ギアナといった地域の汽水域に生息しています。

博士の発見後、最初に新種の魚「グッピー」として学名が登録されましたが、後になってそれは別の名前ですでに登録されていたことがわかり、命名に関する優先権がなくなりました。しかし、グッピーという名前はポピュラーネームとして広く世間に知れ渡り、現在に至っています。ちなみに、学名は「Poecilia reticulata」（ポエキリア・レティキュラータ）となっています。

今日グッピーは熱帯魚の一種として、観賞魚として多くの人々に親しまれています。

その2　オス・メスの違い

オスは、メスに比べて細長い体型をしています。また、体やヒレの色彩が鮮やかです。成魚で体長は3～4cmほどです。成長に伴って尻ビレにあるゴノポディウムという生殖器が発達し、その尖った形状を確認することができます。

メスは、オスよりも丸く大きな体型をしています。尾ビレもオスに比べて短いのが特徴です。体長は成魚で4～6cm程度まで大きくなります。また、下腹部にあるウキブクロの下に黒点が出てくるのも特徴となります。

なお、グッピーのオス・メスが見分けられるようになるのは、生後3週間～1ヵ月程度経ってからになります。

オス

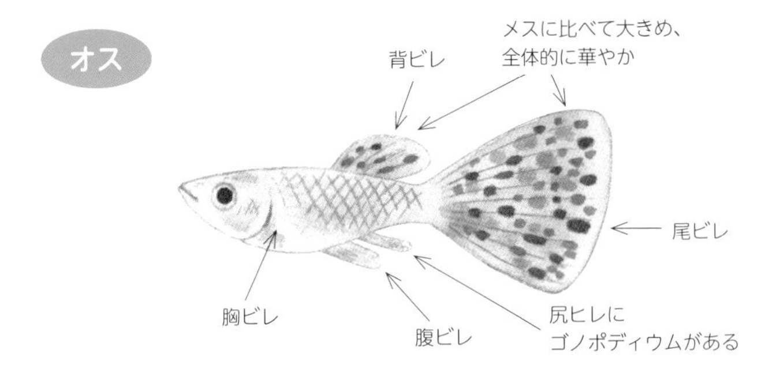

メス

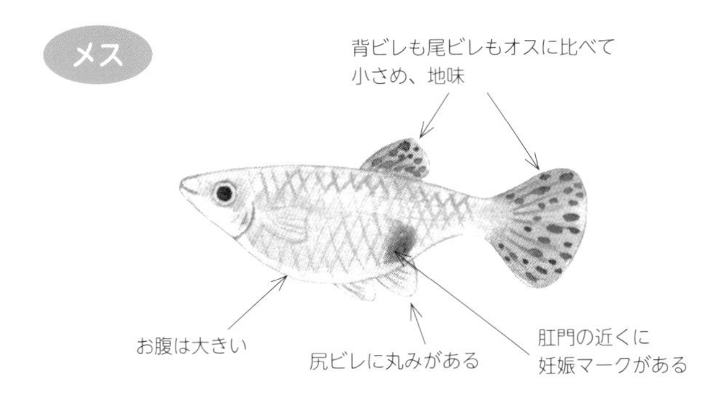

その3　繁殖形態は卵胎生

グッピーの繁殖形態は卵胎生です。これは、メダカのように卵を産むのではなく、親の胎内で卵をふ化させて稚魚の状態で産む繁殖形態となります。同様の繁殖形態を持つ熱帯魚には、近縁種のモーリーやプラティ、ソードテールなどがいます。

胎内で卵をふ化させる

- 原産地は南米地域の汽水域
- オスは細身で色鮮やか、メスは丸く下腹部に黒点がでる
- グッピーの繁殖形態は卵胎生

コツ2 グッピーの基本を確認しておこう ②グッピーの品種

グッピーは今日、主に多くのブリーダーの人たちによって多くの品種が生み出されています。条件さえ整えば、飼い主の好みに合った品種をつくり出すことができます。まずは基本の呼び名を覚えておきましょう。

なお、グッピーの品種名は先頭から、①常染色体名＋② Y 染色体名＋③ X 染色体名＋④尾ビレの形状となっております（コツ 34 参照）。

なお、ノーマル体色は明記しないことが慣例となっています。

その 1　主な体色による呼び方

胴体の色（体色）の違いによって次の呼び名がつきます。

アルビノ

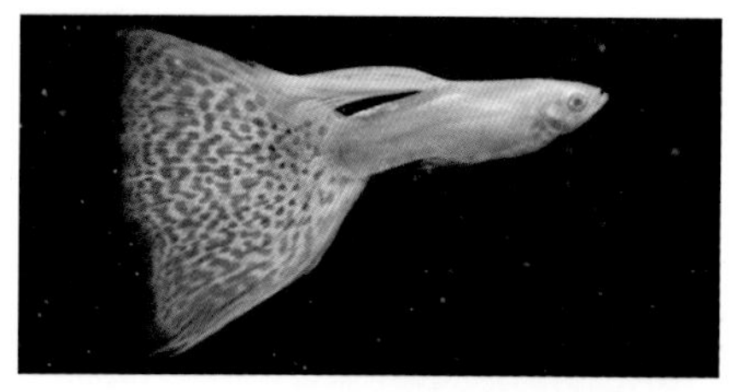

メラニン細胞を持っておらず、透明度が高い黄色をしています。大きく分けて、目の色が角度によって黒く見える「ぶどう目」と、どの角度から見ても赤い目の「リアルレッドアイアルビノ（RREA）」の２種類があります。

ゴールデン

アルビノに似ていますが、メラニン色素はアルビノより多く、黄色がかった体色をしており、黒目です。

タイガー

体のベースの色は黄色ですが、ウロコが黒い色で縁取られています。

ノーマル

「ノーマル グレー」「普通種」とも言われ、最も原種に近い色で灰色をしています。

その２　主な尾ビレの模様の呼び方

ソリッド

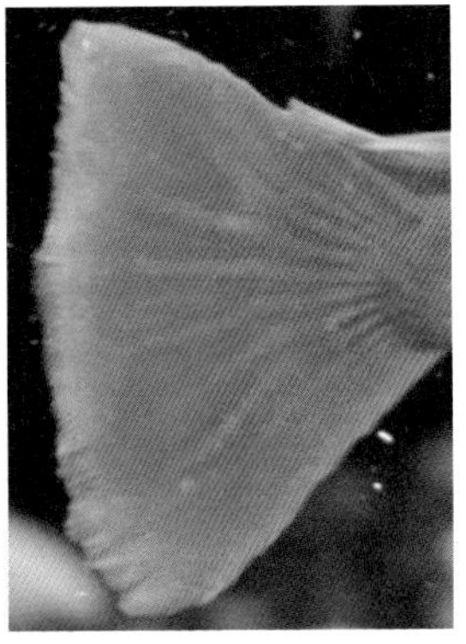

単色で模様が入っていません。レッド、イエロー、ブルー、ホワイト、ブラックなどがあります。全身もほぼ単色系です。

モザイク

ヒレの根本に黒か濃紺の発色が見られ、尾ビレ全体にモザイク模様の派手な色彩をしているのが特徴です。

グラス

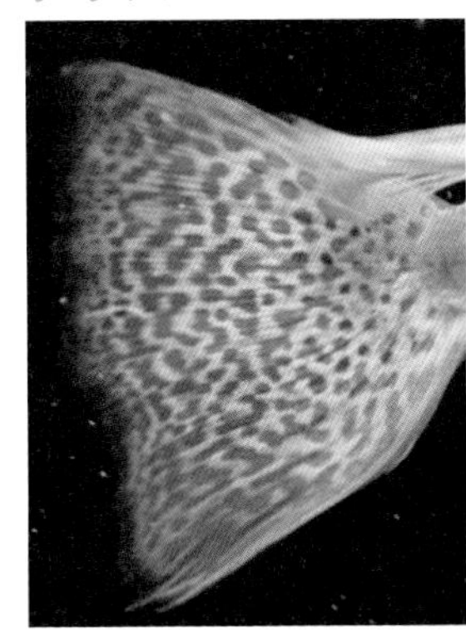

透明感のある芝目模様が特徴です。模様の形状はモザイクと似ていますが、それよりも細かな模様となっています。ちなみにグラスという呼び名は、ガラス（glass）と芝（grass）という言葉からきています。

レオパード

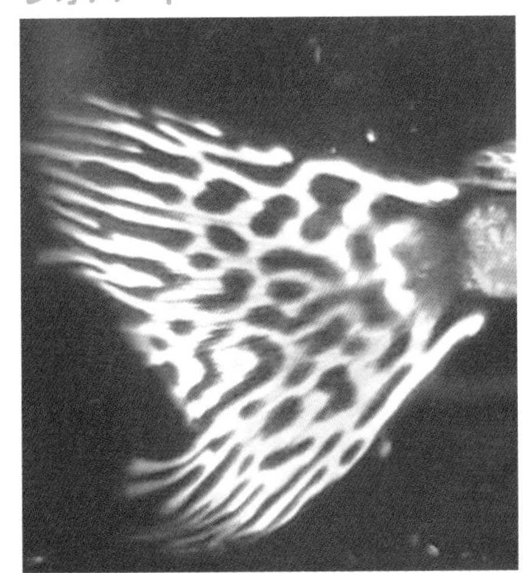

レオパード（ヒョウ）のように、黄色地に黒のスポットが入っています。

コブラ

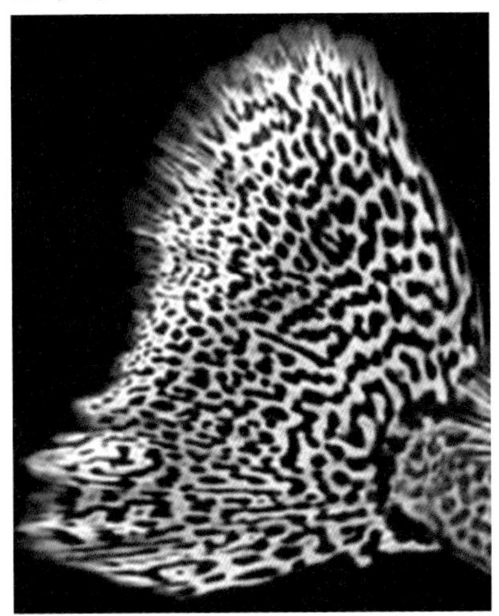

コブラ（毒蛇）のような模様をしており、ほとんどが体もコブラ模様になっています。

その3　主な尾ビレの形状の呼び方

デルタテール

グッピーの中ではポピュラーな形状で、三角形をしています。

ファンテール

大きく開いた扇のような、丸みを帯びた三角形状をしています。

ソードテール

剣のように尖った（突出した）尾のことを言います。これには3つの呼び名があります。
突出する位置によって呼び方が変わります。
尾ビレの上側が突出するものを「トップソード」、下側が突出するものを「ボトムソード」、上下が突出するものを「ダブルソード」と呼びます。

・トップソード

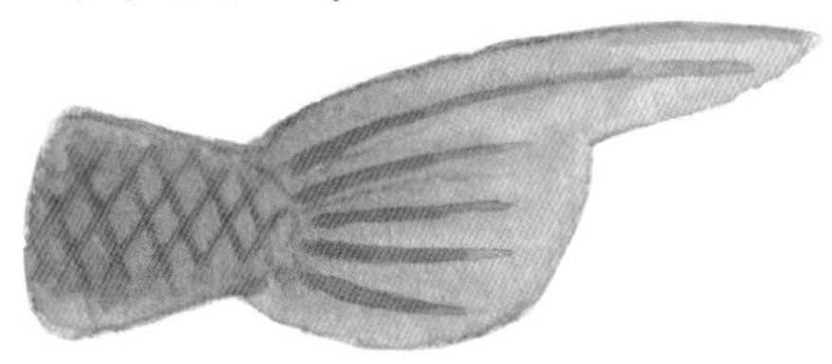

・ボトムソード

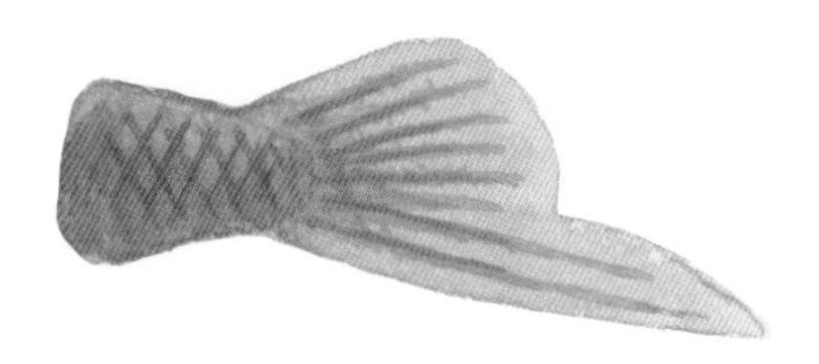

・ダブルソード

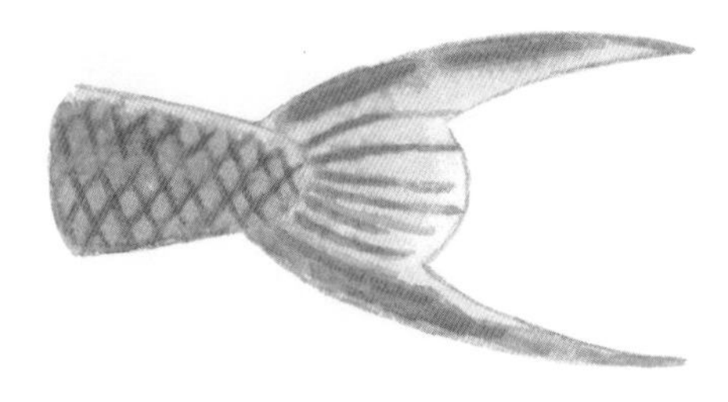

ラウンドテール

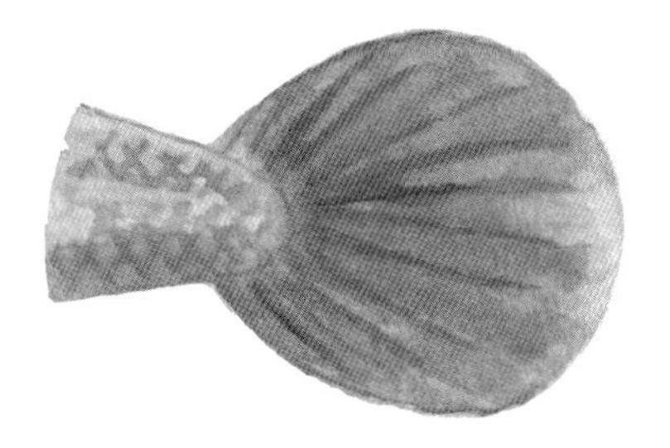

全体的に丸みを帯びた形状をしており、尾の大きさは大小さまざまです。

ピンテール

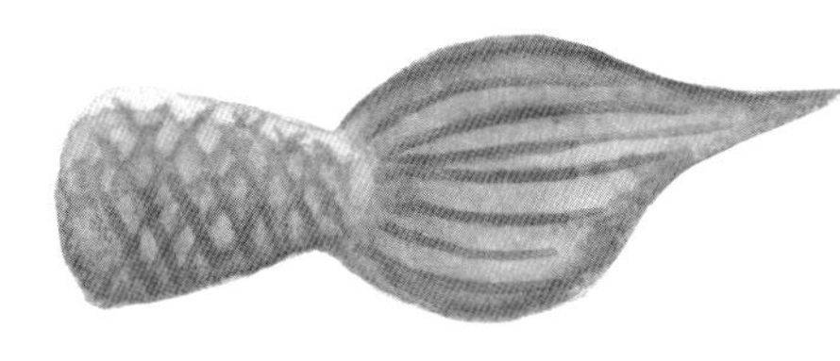

ラウンドテールの中心が針のように突出する形状をしています。

スペードテール

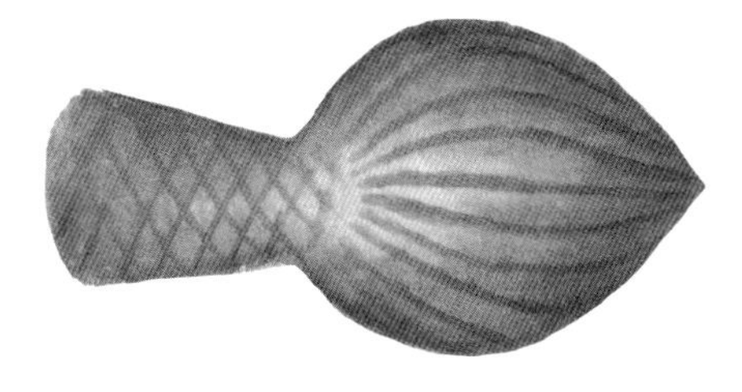

ラウンドテールの中心が少しだけ出たタイプはスペードテールと呼ばれます。

リボン

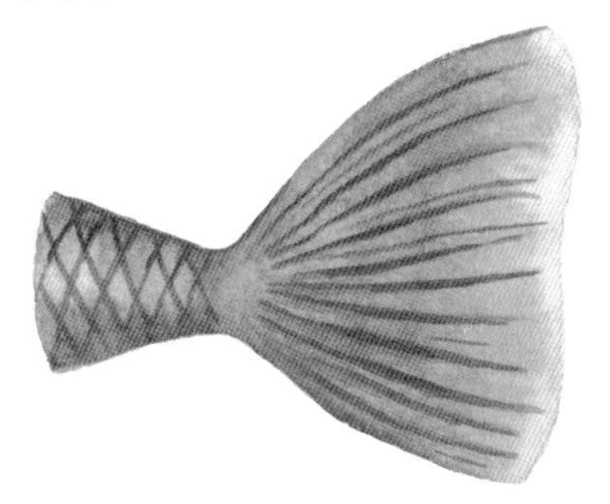

尾ビレの特徴と共に背ビレ、腹ビレ、尻ビレがリボンのように長く伸びています。

スワロー

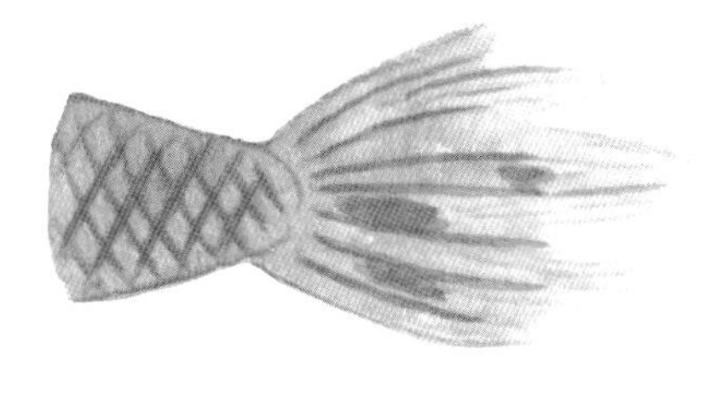

各ヒレの条がランダムに突出した形状を持ちます。その姿がツバメのようでスワローと呼ばれています。

コツ3 飼育に際して大切なことを心得よう

グッピーを飼おうと思ったら、まずは自分がその命に責任が持てるのかどうかを自問自答してみてください。そしてその上で、飼うときの心構えを確認してください。その前提が確認できたら、具体的なお迎えの準備をはじめましょう。

その1 命に責任を持とう

グッピーは小さな魚ですが、それでも大切なひとつの命です。寿命は 1～2年ほどと短いですが、それでも最期まで元気に生きられるように大切に飼いたいものです。犬や猫ほどの世話をしなくても良いとはいっても、それなりにある程度の時間は取られます。その時間を楽しむぐらいの気持ちを持って飼いましょう。グッピーの一生を見続けるのは、それなりにドラマチックな感動があります。

■グッピーを飼うときの心構え

- 毎日、愛情を持って育てましょう
- エサやり、水換えなど多少の手間がかかるのをあらかじめ想定しましょう
- 用具やエサの費用が必要なことを心得ておきましょう
- グッピーの正しい知識も必要ですので、事前に調べておきましょう
- 最期まで責任を持って世話をしましょう

その2　飼育の準備をはじめよう

グッピーを飼おうと思ったら、まずはグッピーを飼うための環境を整えることが必要です。グッピーを上手に育てるために、グッピーの生態に合った水槽やエサ、その他のものを購入したり、持っているものを活用するなどして揃えていきましょう。

水槽の中でアルビノ・レッドが複数匹遊泳している様子

その3　最低限用意する飼育用水槽やエサ、用具など

グッピーを入れる水槽は、水量が一定以上あれば飼育することができます。基本的には、成体のグッピー１匹に対して水が１リットルが目安です。

エサは、ペットショップや熱帯魚ショップなどで熱帯魚用もしくはグッピー専用のものが売られていますので、そちらを利用しましょう。他にあると便利なのが､小さなアミです。グッピーを別の水槽に移したり、ゴミを取るのに便利です。（詳しくはコツ7～）

グッピー飼育用具一式（イメージ）

- 飼うのに必要な用具を揃える
- 最期まで責任を持って飼おう
- 最低限、水槽とエサは揃えよう

コツ4 グッピーを手に入れる方法を知ろう

グッピーを飼う準備が整ったら、次はグッピーを手に入れましょう。身近にグッピーを飼っている友人がいたら分けてもらっても良いでしょう。また、熱帯魚ショップやグッピー専門ショップはもとより、ペットショップなどでも販売されていることが多いので、見に行ってみましよう。

その1 良い個体の見分け方

まずは気に入ったグッピーが国産であるか外国産であるかを確認しましょう（ポイント５参照）。

次に国産、外国産を問わず、まず見た目で判断するには、元気よく泳ぎ回っていることが前提ですが、外国産の場合は入荷してどのくらいの期間が経っているかを確認する必要があります。その上で、良い個体を選ぶための個体の健康を見るポイントをオスとメスの性別上の特徴や共通の特徴でチェックしましょう。

オス	・体型のバランスが良い ・メスを活発に追いかけている
メス	・腹部が卵を持っているように膨らんでいる
共通の特徴	・体にツヤがある ・ヒレがしっかり開いている ・ヒレに白い濁りはない —など

水槽で元気よく泳ぎ回るグッピー

その2　ショップで購入する

一般的に、さまざまな熱帯魚が置いてある熱帯魚ショップ（アクアショップ）やグッピー専門ショップで購入します。

なお、行ったショップで置いていない場合でも、取り寄せてくれるところがありますので、お店の人に聞いてみましょう。

ショップで購入する場合は、できるだけグッピーのことに詳しい販売員のいるところが良いでしょう。いろいろアドバイスがもらえて困ったときは頼りになります。逆にまったくグッピーに対する知識がなかったり、店内が乱雑で清潔感がないところでの購入は控えたほうが無難です。

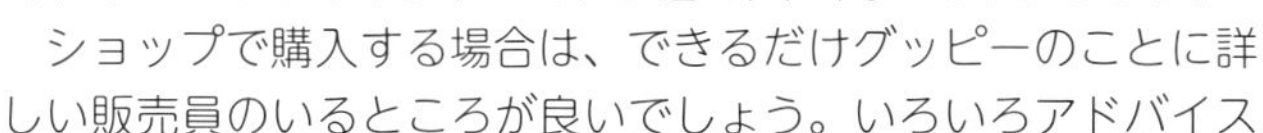

その3　インターネットショップで購入する

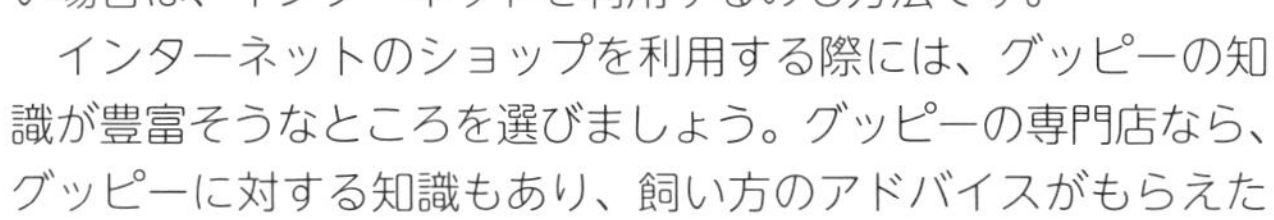

インターネットのショップでも、グッピーを購入することができます。近くにショップがない場合やグッピーを置いていない場合は、インターネットを利用するのも方法です。

インターネットのショップを利用する際には、グッピーの知識が豊富そうなところを選びましょう。グッピーの専門店なら、グッピーに対する知識もあり、飼い方のアドバイスがもらえたり、相談にのってくれたりします。なにか困ったことがあったとき、相談にのってくれるか、確認しましょう。

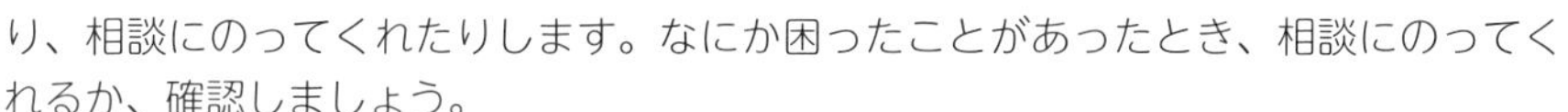

その4　インターネットでの里親募集やSNSなどを通じて譲り受ける

その他の方法としては、インターネットで「グッピー里親」と検索すると譲りたい人の情報が出てきます。この情報を頼りに譲ってもらえる人にコンタクトをする方法もあります。また、SNS上のグッピーの飼育家同士の情報交換の場などでも譲ってもらえる人を探すことができるでしょう。

- 近くのペットショップに行ってみよう
- インターネットショップを利用してみよう
- 里親募集の掲示板やSNSで譲ってくれる人を探そう

コツ5 国産と外国産の違いを知っておこう

グッピーはもともと海外で生息していた淡水魚で、日本固有の生き物ではありません。しかし、日本に輸入された際に、日本人の好みに合うように見た目重視で品種改良されました。そのように日本国内でブリーダーなどによって品種改良されたグッピーを、今日国産グッピーと呼んでいます。また、海外で飼育され日本に輸入されたグッピーを外国産グッピーと呼んでいます。

その1 国産グッピーの特徴

国産グッピーの特徴は、種類（品種）が豊富な点と、どの種類も色彩が鮮やかで美しく、いずれも長く大きな尾ビレを持ち合わせている点にあります。また、飼育されている水質は一般的に弱酸性〜中性付近であることも特徴となります。

国産グッピーは色彩が鮮やか

その2 外国産グッピーの特徴

外国産グッピーは、外国のブリーダーが主に繁殖数に重点を置いて作出されているため、カラーバリエーションは豊富ですが、尾ビレが短いのが特徴です。また、飼育環境の水質は弱アルカリ性であることが一般的です。しかし、日本の水質に慣れないと、国内産と比べて病気にかかりやすいのも特徴の一つです。

外国産グッピーは国産に比べて尾ビレが短かめなものが多い

その3　飼育の際に注意すること

国産グッピーの尾ビレは、前述の通り人工的に作出されたため、泳ぎはあまり得意ではありません。水槽内に水流が発生している場合、それが強すぎると上手く泳ぐことができず、ヒレを傷つけたり、ストレスを溜めてしまう原因となります。水流を発生させるろ過フィルターなどの出水口の向きに注意を払いましょう。また、外国産グッピーとの混泳は避けたほうが無難です。なぜならば、国産のものが持っていない病原菌に感染するリスクがあるためです。もし混泳させたい場合には、あらかじめ塩水浴や薬浴などを行い、水質や水温にも注意を払いながら水槽に入れましょう。

尾ビレを重たそうに動かすグッピー

その4　ショップ等から購入する際の注意

国外から国内への輸送の際に、環境の変化で弱っていることがあるため、個体選びの際には十分注意しましょう。目安としては、お店が入荷したあとで2週間以上経っていても元気で泳ぎ回っているような個体を選ぶことが大切です。

あまり元気のない個体は避けたほうが無難

- 国産と外国産の違いを知ろう
- 国産と外国産の混泳は注意が必要
- 外国産のグッピーは、国内でしばらく経ったもので、元気な個体を選ぶことが大切

コツ6 グッピーにとって最適な水の状態を知っておこう

グッピーの飼育に水質は欠かせない要素です。グッピーの飼育管理＝水質管理と言っても過言ではありません。日々の様子に異変を感じたら、まずは水槽内の水質を調べてみましょう。

その1 グッピーにとって最適な水環境とは

グッピーにとって最適な水質は、中性付近の水質でpH6.8〜7.2、弱アルカリ性〜弱酸性のやや硬水(総硬度10〜15 dh)とされています。水温は22〜24℃です。しかし、ゆっくりと水質や温度が変化する場合にはかなり適応できます。水質はpH 5.5程度から8.0くらいまで。水温は冬は18℃から夏は32℃くらいまでなら多くの個体は生きていけます。しかし、低温過ぎる場合には免疫力が低下して病気にかかりやすくなることや、30℃以上になると、そのときに生まれた仔は奇形になる可能性が高いことなど、水温の管理には注意を払いましょう。

また、日本の水道水はほぼ中性のため、グッピーの水槽に使用しても問題ありませんが、水道水に含まれる塩素はグッピーにとって猛毒となります。したがって、必ず塩素が取り除けるように、塩素中和剤（カルキ抜き）を使用するか、もしくはバケツに水を汲み置きして外に出し、1日は寝かせてから使いましょう。(コツ19参照)

水質は欠かせない要素

その2　国産と外国産で好む水質が違う

市中に流通しているグッピーには、国産と外国産があることはすでに述べましたが、原産地が違うことによって注意が必要となるのが、それぞれ好む水質が違いということです。一般的に国産グッピーは弱酸性〜中性、外国産グッピーは中性〜弱アルカリ性が適正な水質だとされています。つまり、外国産グッピーを弱酸性の水槽に入れておくと弱ってしまう可能性があり、逆に国産グッピーを弱アルカリ性の水槽に入れておくと弱ってしまう可能性があるということです。もちろん、どちらもゆっくりと水に慣れさせていけば何も問題は起こりませんが、産地によって個体が好む水質が違うということです。

そのことから、国産なのか外国産なのかは知っておくべき重要なことで、購入時には必ず確認しておきましょう。

その3　pH（ペーハー）の調整法を知っておこう

水槽の水のpHを上げたり下げたりする方法を知っておくと便利です。

pHは0（強酸性）〜14（強アルカリ性）までの数字で表され､真ん中の7が中性です。

ちなみに、pHを上げるというのは、アルカリ性方向に傾けることです。

水質で、どうしてもpHが酸性方向に傾いてしまう場合は、水槽内やろ過槽内に珊瑚や貝殻を入れて調整しましょう。さらにアルカリ性方向に傾き過ぎた（pHが上がり過ぎた）場合には､酸性方向（pHを下げる）に傾ける必要があります。そんなときは、ろ過槽にろ過材を追加したり、低床にソイルを追加するなどして調整しましょう。なお、思うように数値が改善されないときは、専用の薬剤が市販されていますので、それを使うのもいいでしょう。

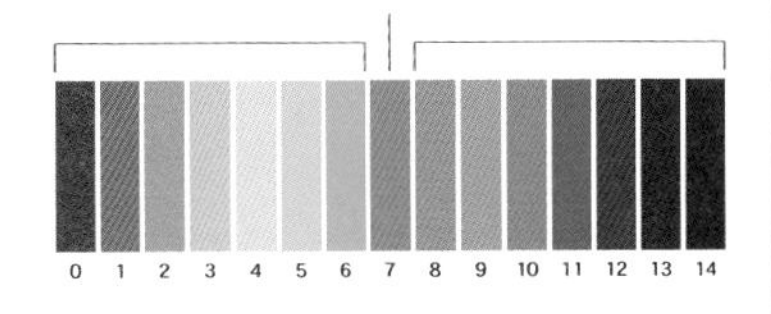

- **水質はpH6.8〜7.2、総硬度10〜15dh、水温は22〜24℃**
- **国内産と外国産では好む水質は違うが、ゆっくり慣れさせれば問題はない**
- **pHの調整法を知っておこう**

コツ7

必要な用具類を揃えて飼育環境を整えよう

グッピーを飼育してみたいと思った際に基本的に用意しておく用具類としては、1. 水槽（コツ8・9）、2. フィルター（コツ10）、3. ヒーター等の保温機器（コツ11）、4. 照明（コツ12）、5. 低床（コツ13）、6. 水草（コツ14）やその他好みのアクセサリー（コツ15）などがあります。それぞれの詳しい内容は該当するコツでご確認ください。

ここでは、その他必要になる用具類等を紹介いたします。

水温計

水温計には、アナログとデジタルの2種類のタイプがあります。アナログだと目盛りが見えにくかったり、デジタルだと電池の管理を必要としたりするなど、どちらにも一長一短があります。基本的には自身が使いやすいものを選びましょう。

水温計の例
（「AQ-20 水温計 (L)」［ニッソー］）

低床用スコップ

低床用スコップの例
（「ナガオ 燕三条 スコップ」
［ナガオ］）

水槽内の低床（砂利など）を敷いたり、敷き替えたりするときに使います。

水換え用ポンプ

昔からあるアナログなタイプと電動式のものがあります。大量の水の水換えが必要な場合は電動式がいいでしょう。しかし、水槽のサイズが大きなものでなければ、アナログなタイプのものでも大丈夫です。また、水槽が大きくない場合は、水換え用ポンプは手作りものでもOKです（コツ19参照）。水換えの際には、誤って稚魚などを巻き込まないように吸水口をガーゼで覆うようにしましょう。

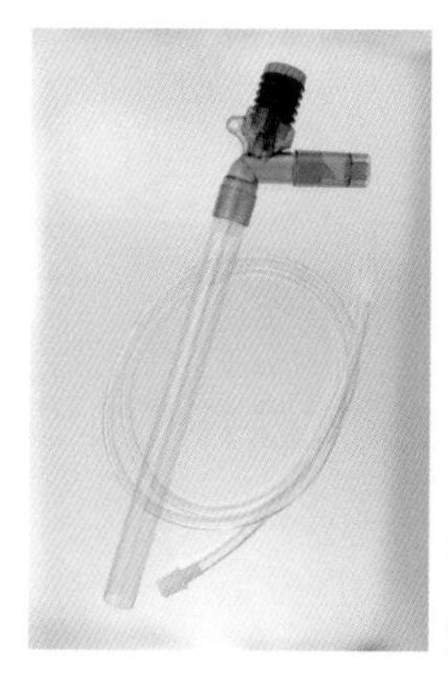

水換え用ポンプの例
（「プロホース エクストラ M」
［水作］）

魚用ネットの例
(ゴミ取りネット魚 アクアリウム メンテナンス お手入れ 掃除 [ニッソー])

魚用ネット

魚用ネットは、稚魚を掬えるくらいの目の細かさがあることはもちろんですが、その目の細かさによって、プランクトンなど微細な生物を掬えたりする超微細なメッシュのネットなどもあります。目的に応じて選びましょう。

バクテリア添加剤

フンやエサの食べ残しから出る有毒なアンモニアや硝酸塩などの物質をバクテリアが比較的無害な物質へと分解してくれます。水槽を早く立ち上げるには便利なアイテムです。

バクテリア添加剤の例
(「サイクル 250ml」[ジェックス])

塩素中和剤

塩素の入った水に魚を入れると魚は窒息死してしまいます。汲み置きして1日も経っていない水道水を水槽用に使う際には必ず塩素中和剤を投入しましょう。

塩素中和剤の例
(「カルキ抜きお徳用 500ml」[ニッソー])

コツ8 水槽を選ぶ上でのポイントを知ろう

水槽は、ガラス製のものとアクリル製のものでは、傷の付きやすさや耐久性、その外観、それ自体の重量などの点で違ってきます。また、設置する場所を決める際には、個々の飼い主がもつ住宅事情（広さや間取りなど）も検討しなくてはなりません。

ここでは、適切な水槽を選ぶための判断材料のポイントとなる考え方をお伝えいたします。

その1 材質で選ぶ ～ガラス製とアクリル製～

水槽にはガラス製とアクリル製があります。当然それぞれにメリットとデメリットがあります。カラス製のメリットとしては、温度変化に強くて傷も付きにくく、時間的に長く使用していても劣化せずに耐久性に優れている点です。特に観賞用として用いれば、いつまでも透明度を保つことができて、美しい状態で楽しむことができます。

しかしその反面、大型水槽の場合は重量があるため、移動設置が困難であったり、何か堅いものにぶつけるなどした場合には、ガラスが割れたりする危険性もあります。

アクリル製の場合は、ガラスと比べて軽く、割れにくいなどがメリットです。その反面、表面に傷が付きやすく、曇りやすいのがデメリットです。

一般的に、小型から中型サイズの水槽はガラス製、120cm以上の大型水槽ではアクリル製が主流となっています。

水槽の例
（「NS － 6MK 黒＜ W600 × D295 × H360㎜＞」［ニッソー］）

その2　重量で選ぶ

ガラス製とアクリル製のものでは重量が違ってきます。

例えば、横幅60cm、奥行き30cm、高さ36cmのガラス製の水槽の場合、水量は一杯にすると約64リットルになりますが、実際の水の量がその9割程度だとしても約58リットルあり、水の重さだけで60kg近くにもなります。そこに水槽自体の重さ、約7～11kg（ガラスの厚さなどによって違う）で、仮に10kgを加えるとすると、70kgにもなります。これが同じ大きさのものでアクリル製のものですと水槽自体は約3kg程度で重量の負担が減ります。

水槽の大きさによっては100kg以上にもなる

その3　置き場所も大切

設置する場所も考慮して決めなくてはなりません。

水槽を置く場所の基本は、水平が保たれる安定した場所であることが条件です。しかも、そこには直射日光が水槽に差し込んでこないことも大切です。また、そのことに加えて、飼い主が水換えや掃除などのメンテナンスがしやすい場所であることも重要です。

なお、たとえ小型の水槽だとはいえ、テレビや家具の上、じゅうたんや畳の上は不安定になりがちなため、置かないようにしましょう。

重さに耐えられなかったり、不安定な場所には置かない

- 小型～中型サイズはガラス製の水槽が主流
- 大型サイズはアクリル製が主流
- 最適な場所に置こう

コツ9 水槽は適切な大きさのものを選ぼう

グッピーを入れる水槽は、どのような基準で選んだらよいのか？　飼育する数によっては小さかったり、逆に大き過ぎてむしろ水槽自体のメンテナンスが大変だったりする場合もあります。飼育数に応じた適切な水槽の大きさを知ることは大切です。ここでは、水槽の大きさの基本的な考え方や注意点などをお伝えします。

その1　10匹程度までであれば幅30cm規格水槽

通常、グッピー（成魚）一匹あたりの水量は、1リットル程度必要とされています。もちろん稚魚であれば数匹は大丈夫です。

これから飼うグッピーの種類やどのくらいの数を一緒に入れるかによって変わりますが、例えば、1ペアから2ペア程度であれば、30cm程度の規格水槽で十分です。成魚10匹程度までであれば適切な水量となります。

ただし、水の量が少ない分、外気温に影響を受けやすく水温の変化の度合いや水質の悪化には十分注意しなければなりません。

数匹程度であれば30cmの規格水槽で十分

その2　繁殖も考えるのであれば幅 45cm 規格水槽が安心

少し数を増やしたい場合であれば
45cm の規格水槽

マックスで成魚 30 匹程度が可能ですが、できれば 25 ～ 28 匹程度に抑えたほうがいいでしょう。

なお、稚魚が多い場合は全体的な数はより多く入れておけますが、そのうちに稚魚が成魚に育った場合は最適な環境ではなくなります。１つの水槽に入っているグッピーの数は多い方が華やかで観賞していて楽しいものですが、飼い主はその数と水量との関係に十分注意しなければなりません。

その3　繁殖させて数を増やしていきたいのなら幅 60cm 規格水槽以上が安心

見ごたえを求めて魚の数を増やしていきたければ、
60cm 以上の大きさの水槽がお勧め

幅 60cm サイズは、もっとも標準的で流通量の多い水槽です。このサイズ用の周辺器材も豊富に揃っています。水量も十分で、水温も水質も安定し、しかも水換えの労力も小型サイズに比べてかからず、バランスの良いサイズと言えます。観賞用としても見ごたえのある数を飼育でき、また、自然と繁殖していっても、ある程度までは安心していられる大きさです。

規格水槽のサイズ・容量一覧

サイズ	幅	奥行	高さ	水量（※）
30㎝規格水槽	30㎝	18㎝	24㎝	12.96ℓ
45㎝規格水槽	45㎝	24㎝	30㎝	32.4ℓ
60㎝規格水槽	60㎝	30㎝	36㎝	64.8ℓ
90㎝規格水槽	90㎝	45㎝	45㎝	182.25ℓ
120㎝規格水槽	120㎝	45㎝	45㎝	243ℓ

※容器の限界まで入れた量

- 幅 30cm の規格水槽は成魚 10 匹程度まで
- 繁殖も考えるのであれば幅 45 cm の規格水槽
- 繁殖で数を増やしていきたいのならば幅 60cm の規格水槽以上が安心

コツ10 最適なろ過フィルターを選ぼう

グッピーの飼育をする際、その数が少なければフィルター無しで飼うことも可能です。しかし、数が多くなると、はじめは水槽内にきれいな水で満たされていたとしても、そのうちフンやエサの食べ残しなどによって水質が悪化してきます。ろ過フィルターはそのような水質の悪化を防ぐ大切な役割を持ったアイテムです。

その1　ろ過フィルターの役割を再確認しておこう

ろ過フィルターの役割は、水槽内の環境を魚が過ごせる状態に保つことにありますが、それには次の３つの方法があります。１つは、水槽内のゴミを取り除く「物理的ろ過」、２つ目は「化学的ろ過」、そして３つ目は「生物的ろ過」です。

物理的ろ過は、フィルター内にスポンジやウールマットをセットしておき、ポンプの力によってゴミを含んだ水を吸引し、そのろ過材に通すことによって物理的にゴミを取り除く方法です。

化学的ろ過は、水槽内に発生した有毒な物質や目に見えない過剰な栄養分などを、活性炭やゼオライトなどを利用して、それらの物質を吸着させたり分解させることで水を浄化する方法です。

生物的ろ過は、生物（バクテリア）の働きによって、水槽内に発生した有毒な物質を無害な物質に変えて魚が過ごせる状態に保つ方法です。

後述しますが、これらの浄化法のどれかは、ろ過フィルターのタイプによって違いますので、その点も選ぶ参考にしましょう。

スポンジフィルターろ過装置

その2　さまざまなタイプのろ過フィルター

ろ過フィルターには主に、水槽の外側に取り付ける「外掛け式フィルター」、水槽の上部に取り付ける「上部式フィルター」、水槽の外に置くため水槽内の見た目がすっきりする「外部式フィルター」、水槽の中に投入して使用する「投げ込み式フィルター」、水槽の底に置く「底面式フィルター」などがあります。

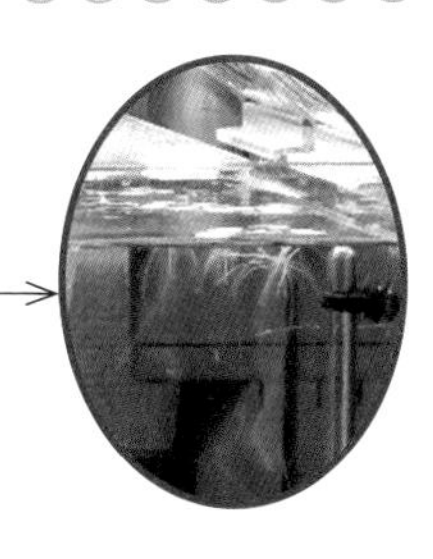

コーナー設置タイプの投げ込み式フィルター

その3　ろ過フィルターの選定で考えておきたいこと

ろ過フィルターを選ぶ際には、前述したろ過方法のほかに、その機器自体が持つ浄化能力はもちろんのこと、グッピーを観賞用に飼育するのであれば、水槽の外観、見た目は大事な要素です。

参考までに水槽への設置タイプ、ろ過方法、見た目といった点を一覧にしました。

水槽への設置タイプ、主なろ過方法、見た目別ろ過フィルター一覧

設置タイプ（ろ過フィルター）	主なろ過方法（主に流通しているフィルターの性能）	見た目（※）評価：○良い ▲あまり良くない
外掛け式	物理的・化学的・生物的ろ過	▲
上部式	物理的ろ過	▲
外部式	生物的ろ過	○
投げ込み式	生物的ろ過	▲
底面式	生物的ろ過	○

※あくまで編集部の主観です。（2021年4月現在）

- ろ過フィルターの役割は重要
- さまざまなタイプのろ過フィルターがある
- 観賞用の水槽では、ろ過フィルター選びには浄化能力のほかに見た目も大切

コツ11 水温を保つグッズを揃えよう

グッピーの最適水温は22～24℃です。この温度より急に下がったり、上がったりするような場合は、ただちに水温を調整しましょう。また、適正な範囲を超えた水温の状態のままでいると、次第に体が弱ってきて、病気にもかかりやすくなります。そこで必須アイテムとなるのが、水温計やヒーター、クーラーなどの水温対策機器です。

その1 水温計は2つあると安心

水温計は、デジタル式とアナログ式（旧従来の棒状の温度計）があります。どちらも性能や価格において一長一短はありますが、基本的には見やすい水温計を選ぶのがお勧めです。その上で特に注意しなければならないことがあります。それは、ときに突然壊れることもあるという点と、そのことも含めて水温計の指す水温が必ずしも正しい測定値を示していない場合があるということです。そうした事態に対処するために、できれば水温計は2つを用意しておくことをお勧めします。また、デジタル式では電池切れにも注意しましょう。

正常な水温を示していないこともある

その２　水槽用クーラーの冷却方式の種類と使い方に注意しよう

水温を下げることに使われる機器には、冷却ファンやクーラーがあります。

冷却ファンは、水槽の表面に強い風を当てることによって、水槽の中の水を蒸発させるといった、言わば気化熱現象を利用して水温を下げます。水槽用クーラーの冷却方法には、ペルチェ式とチラー式があります。ペルチェ式とは、ペルチェ素子の性質を利用して得られる「ペルチェ効果」（熱の移動）によって冷却する方法を言います。また、チラー式とは、特定の冷媒（環境に影響を与えない種類のフロンガス）を利用して冷却する方法を言います。ペルチェ式は、運転音が静かですが、冷却能力ではチラー式に劣り、大きな水槽には向きません。30～60cm 程度の小型水槽にお勧めです。チラー式は、冷却能力が高く大容量の水槽にお勧めです。

なお、クーラーについては内部に湿気・油煙が入り込むことが故障や事故につながる恐れがあります。飼い主が飲食店などを営んでいる場合、厨房の近くでは使用しないようにしましょう。

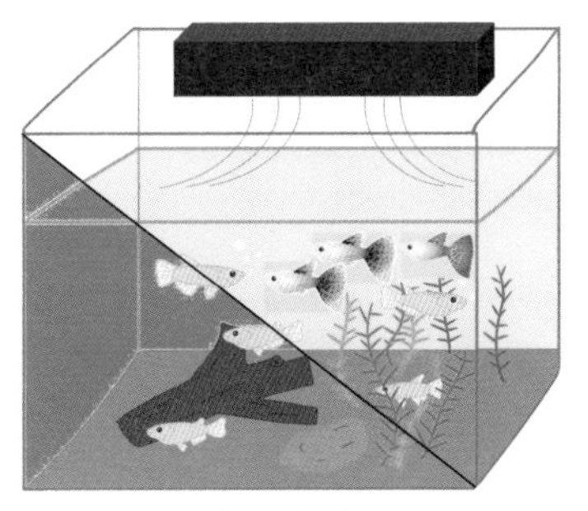

夏は気温が 40 度を越える猛暑日もある

その３　水槽用ヒーターの選び方と使い方に注意しよう

とかく水槽用のヒーターを水槽のサイズで選びがちですが、正しく使用するには、飼育水の水量で選びましょう。また、使用する際には、魚を移したバケツやプラスチックケース、浴槽など、水槽ではない容器での使用は絶対しないでください。さらに、うっかりしがちなのがメーカー指定の使用期間です。性能維持のための期間ですので、交換時期（使用期間１年が基本）は必ず守りましょう。

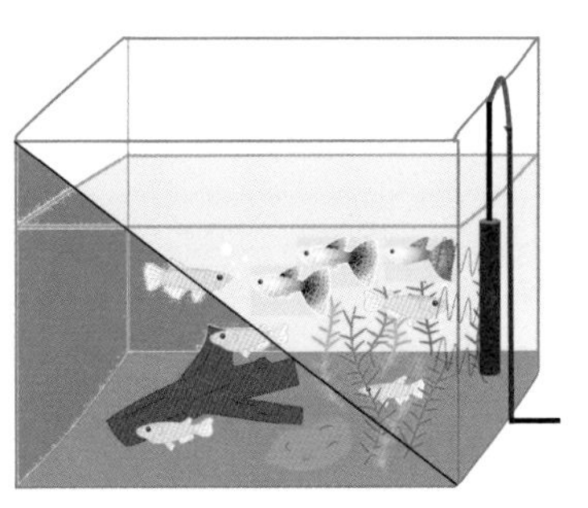

冬は日中でも気温が零度以下になる日もある

- 水温計の故障などに備えて２つあると良い
- 水槽用クーラーの冷却方式の種類と使い方に注意
- 水槽用ヒーターの選び方と使い方に注意

コツ12 照明器具を適切に活用しよう

照明は生体のバイオリズムを整える上で欠かせません。照明が無かったり不規則だとエサへの反応が悪くなったり、繁殖しにくくなったり、また、病気にもかかりやすくなったりするため、適切に照明を活用しましょう。

その1　照明器具の種類と特徴

水槽内を照らす照明器具には、主に蛍光灯ライトやLEDライトがあります。

蛍光灯ライトは、柔らかな光が特徴で、以前から使われてきたという安心感に加え、水草の生育に必要な赤色光が含まれているといったメリットがあります。しかし、デメリットとしては発熱量の多さや、蛍光灯自体の寿命が短いといったことが挙げられます。

LEDライトは、直線的な強い光が特徴で、電気代の節約やLED自体の寿命の長さがメリットです。また、さまざまな色が出るライトもあり、観賞用としては優れた性能を持つものもあります。しかし、デメリットとしては赤色光の弱いタイプが多く、注意して選ばないと水草が育たないものがあることです。

照明器具はメリット・デメリットをよく考えて選ぼう

その2　1日の照射時間

グッピーは昼行性のため、照明があると盛んに活動します。

照射の開始時間や時間の長さは、自然と同じように日の出と日の入りに合わせるのが理想と言えます。時間の長さとしては、1日7～10時間程度、毎日規則正しく照射しましょう。

なお、実際には飼い主の生活のリズムに合わせることになりますが、不規則な生活をしている人は、タイマーで管理すると便利です。

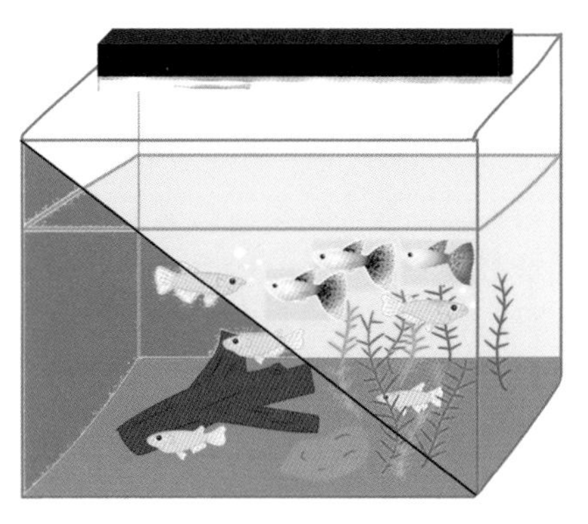

毎日規則正しく照射することが大切

その3　水草の生育にも照明は欠かせない

グッピーと一緒に水草も水槽内に入れている場合ですが、前述したように、水草生育には光が必要です。特に生育に欠かせない光合成の働きには「赤色」の波長が光の中に含まれていなければなりません。経済性を優先するあまり、蛍光灯からLEDライトに替えようとする場合、その製品が水草の生育にも適したものかどうかを確認する必要があります。それを確認しないで取り替えてしまうと、枯れてしまいかねませんので注意しましょう。

光を浴びて生長する水草
（気泡は光合成によってを放出される酸素）

- **蛍光灯ライトとLEDライトのメリット・デメリットを知る**
- **1日の照射時間は7～10時間程度必要**
- **水草を一緒に入れている場合、LEDライトを選ぶ際は注意が必要**

コツ13 適切な底床を選ぼう

水槽の底に敷く砂のことを低床または底砂と言います。低床は根を張る水草には必要であることのほか、ろ過バクテリアの住みかになるため水質の向上・安定化などに役立ちます。当然、観賞用としての水槽であれば、無いと無機質で殺風景な感じになりますが、あれば自然感が増すという効果もあります。

その1 グッピーが快適に過ごせる低床を使おう

シンガポール、スリランカ、タイなどの外国産グッピーは、弱アルカリ性の水で育てられてきました。それに対して日本は、中性～弱酸性の水で育てられています。そのような違いから低床は、外国産のグッピーの場合は、水質を弱アルカリ性に傾ける効果のある「サンゴ砂」、国産グッピーの場合には酸性方向に水質を傾ける効果のある「ソイル」がよく使われています。また､砂利系はどちらにも使えて便利です。特に大磯砂利はよく使われています。

砂は低床としても使われる

その2 水質をアルカリ性方向に傾ける「サンゴ砂」

サンゴ砂には粒の大きさによって、細かなパウダータイプ、細目、中目、粗目があります。

メンテナンスを考えれば、細目以降の大きさの砂がいいでしょう。

ただし、サンゴ砂を利用する場合は、水槽内に入れ過ぎると水質を極度にアルカリ性方向に傾けるため、水質を測りながら適量を入れていくことをお勧めします。

水質をアルカリ性方向に傾けるサンゴ砂

その３　水質を酸性方向に傾ける「ソイル」

ソイルは水質を酸性方向に傾ける低床材であり、また肥料も含まれているため、水草も育てやすくなります。さらに、一つひとつの粒の形状が通水性を高め、ろ過能力に優れたバクテリアが定着しやすいこともメリットの１つです。ただし、一度水槽に入れると、低床の掃除が難しい点やソイル自体に寿命があり、１～２年で形状が崩壊してしまうため、交換の際には水槽をリセットしなければならない点、さらに、ソイルから水中に肥料が溶け出すために、苔が発生しやすいといった点も考慮する必要があります。

水草と相性の良いソイル

その４　水質を安定させる大磯砂利

砂利系低床の代表格と言えるのが大磯砂利です。大磯砂利のメリットとしては、長く使っていると水質が安定し、半永久的に使える点です。ただし、もともと海岸で採取される天然岩石で、その中には貝類も含まれているため、使い始めはカルシウムが溶け出して水質がアルカル性に傾いてしまいます。とは言え、グッピーに大きな影響を与えるほどではありません。気になる場合は、クエン酸などによる酸処理をしてから水槽内に入れましょう。

使いやすさで好まれる大磯砂利

- 低床は水質に影響を与えるので選定には注意が必要
- サンゴ砂はアルカリ性方向に傾ける
- ソイルは酸性方向に傾ける

コツ14 水草を準備しよう

水槽内にグッピーと一緒に水草を入れる意義は、観賞用として楽しめるばかりでなく、実質的に飼育環境を整える働きもあります。

その1 グッピーの生活環境を整えてくれる水草

水槽内の水が汚れる主な原因は、排せつ物とエサの食べ残しです。水草はそれらを分解して養分として吸収するため、水質が悪化するのを防いでくれます。

水草は､光合成によって水中に酸素を供給してくれる働きもあります。特にエアレーションのない水槽では、エアレーションの代わりとなります。

また、複数飼育している場合には、その群れの中では少なからず個体同士の力関係が発生します。強い個体が弱い個体を追い回したり、また、繁殖期にはオスがメスを追いかけ回したりすることもあります。そうした際に、水草は弱い個体にとっての隠れ家としての機能も持ちます。

水槽内でさまざまな役割を持つ水草

その2　水草で注意すること

水槽で育てることのできる水草にはさまざまな種類がありますが、注意を要することもあります。それは水草の硬さです。硬いとグッピーのヒレを傷つけてしまう可能性があります。そこで水槽の選択には、葉が柔らかくてグッピーとの相性も良い種類を選びましょう。

水草には、マツモ、アナカリス、ウォータースプライト、パールグラス、ハイグロフィラ、バリスネリア・スピラリス、アヌビアスナナ、ウィローモスなどがあります。

特に相性の良い水草は、マツモ、パールグラス、アヌビアス・ナナ、ウィローモスなどです。(詳しくはP38～)

グッピーのヒレを傷つける心配のない水草を選ぼう

その3　水草は事前に洗って水槽内に入れよう

水草を水槽に入れる際には、事前に洗浄することが必要です。なぜならば、自然界から採取したものには、スネールの卵やプラナリアなどの生物が付着していたり、農薬が付着していたりすることもあるからです。

ちなみにスネールとは小型巻貝のことで、水槽内に侵入しても他の生体に害を及ぼすことはありませんが、繁殖力が強いため、大量発生して観賞性が奪われる可能性があります。

またプラナリアも繁殖力が強い上、実害として稚魚が捕食される可能性があるため、事前に専用の薬品等で除去し、最後に水で洗って水槽への侵入を防ぐようにしましょう。

水草は事前に洗浄しておくことが大切（写真はアヌビアス・ナナ）

さまざまな水草

マツモ

マツモは河川や湖沼で生育する沈水性浮遊植物です。適正水質は弱酸性〜弱アルカリ性、適正水温は15〜25℃です。

マツモは光量が少なくても生長し、水中の養分を吸収するため、水槽内が栄養過多になることを予防し、コケや藻類の繁殖を抑えます。

葉が柔らかくて細く、グッピーと一緒にしておくと、稚魚の隠れ家にもなります。

ただし、増えすぎた場合には、水槽から取り出す際に稚魚を巻き込んでしまわないように注意しましょう。

アナカリス

アナカリスは、湖沼や河川に生育する多年生沈水植物です。適正水質は酸性〜アルカリ性、適正水温は5〜30℃程度の範囲内です。特徴として、葉と根の両方から水質を悪くする硝酸塩（アンモニアが分解されてできる物質）を吸収するために水質浄化能力が高く、コケや藻類の繁殖を抑えます。また、隠れ家としても役立ちます。成長スピードは早くて丈夫なため、定期的なトリミングが必要です。

ウォーター・ウィステリア

ウォーター・ウィステリアは、インド、タイ、マレーシアなどの東南アジアの水辺に生育する沈水・湿生植物です。適性水質は弱酸性〜弱アルカリ性、適正水温は20〜26℃の範囲内です。ソイルでCO2を添加しながらの育成が最適なのですが、砂利でもCO2が無くても育成できます。ただし、成長は遅くなりコケが付きやすくなることに注意が必要。グッピーとの相性が良い水草としてよく利用されています。

パールグラス

パールグラスの原産地は中南米・西インド諸島やアフリカで、ゴマノハグサ科に属する多年草の一種です。川辺や湿地、池などに生育しています。適正水質は弱酸性〜弱アルカリ性、適正水温は20〜30℃程度の範囲内です。特徴として柔らかく繊細な草体をもち、群生して緑の絨毯を作ります。低い光量でも育ちますが、強い光量だと光合成を盛んに行って、気泡を放つ美しい姿が見られます。なお、パールグラスの育成には養分と水質的に多少の硬度が必要とされます。底床に大磯砂利のような砂利を敷くのがお勧めです。グッピーと一緒にしておけば、稚魚などの隠れ家として、また、食べ残しや排せつ物から発生する過剰な養分を吸収し、良好な水質に保ってくれます。

バリスネリア・スピラリス

バリスネリア・スピラリスは、トチカガミ科の植物で、世界各地の熱帯〜温帯地域に分布して生育している水草です。適正水質は弱酸性〜弱アルカリ性、適正水温は 22 〜 28℃の範囲内です。特徴としては、生長が早く丈夫で、強い光量や CO2 添加をしない水槽でも育成が可能です。底床は、ソイルと砂利のどちらでも可能ですが、ソイルより砂利の方が育ちやすいと言われています。砂利は大磯砂利がよく使われます。光合成を活発にすると色鮮やかなより美しい姿が見られます。そのためには、水槽内に CO2 を添加すると良いでしょう。

ウィローモス

ウィローモスは根を持たないコケ植物で、流木や岩などに着生しながら生長する着生植物の一種（ミズゴケの一種）です。栄養素は水中から吸収します。適正水質は弱酸性〜弱アルカリ性、適正水温は 18 〜 30℃の範囲内です。特徴としては、石や流木などに巻き付けたり、水槽の底に沈めておいて生長します。底面いっぱいにウィローモスを繁茂させると稚魚の隠れ家としても便利です。

なお、掃除などで水槽から出すときに稚魚を巻き込みやすいので注意が必要です。

ハイグロフィラ・ポリスペルマ

ハイグロフィラ・ポリスペルマは、原産地は東南アジアで、キツネノマゴ科に属する水草です。適正水質は酸性～弱アルカリ性、適正水温は20～26℃の範囲内です。特徴としては、栄養の吸収量が非常に多いため、水質を浄化し、かつ生長が速いです。環境の適応能力が非常に高いため、育てやすい水草です。

アヌビアス・ナナ

アヌビアス・ナナはアフリカ原産のサトイモ科の水草で、流木や岩などに着生しながら生長する着生植物の一種です。適正水質は弱酸性～弱アルカリ性、適正水温は20～30℃の範囲内です。特徴としては、他の水草に比べて生長が穏やかです。葉の形状に丸みがあるため、グッピーがヒレを引っかけて傷つけてしまう危険性は少ないと言えます。なお、陽の当たる場所に水槽を置いておくと、コケが生えやすくなるので注意しましょう。

コツ15 観賞用のアクセサリー類も適切に使おう

観賞用のアクセサリー類には、流木や備長炭、岩石、人工水草、陶器製のオブジェなど、さまざまなものがあります。水槽内を華やかに見せたり、大自然の趣のある景観を感じさせて楽しませてくれます。ただし、扱い方を知らないと、水槽内の水質や他の生き物の生育に影響を及ぼすようなものもあるため、その点を知った上で適切に使いましょう。

その1　pHを下げる流木

木は、水槽の中の水質を酸性方向に傾ける影響を及ぼします。稚魚などの隠れ家にもなります。また、後述する備長炭同様に着生植物に活着させて、グッピーと共に観賞用に楽しむという使い方もあります。しかしその反面、木から色素が溶出して水の色が変わってしまい、水草と一緒にしていれば、光の透過度が落ちてその生育に影響を与えかねず、さらにカビを発生させる原因ともなります。それでも観賞用に水槽に入れたいということであれば、購入後はアク抜きをしてから入れましょう（コツ41参照）。また、河川などの自然環境の中で拾った流木は、寄生虫や雑菌のリスクがあるため、そのまま使用してはいけません。使用したい場合は必ず煮沸した上で、アク抜き処理してから入れましょう。

河川などで拾った流木はリスクがあるため注意

その2　バクテリアの棲み処になる備長炭

炭には、その原料や製造法の違いによって活性炭、黒炭、竹炭、白炭の４種類があります。備長炭は白炭に分類されます。全国的には、土佐備長炭や紀州備長炭、日向備長炭などがよく知られており、ナラやウマメガシ、アラカシなどを原料としてつくられます。

白炭自体には水質浄化の効果はあまり望めませんが、ろ過バクテリアの棲み処になり、間接的に水質の浄化に役立ちます。また、アヌビアス・ナナやウィローモスなどの着生植物に活着させて、グッピーと共に観賞用に楽しむという使い方があります。

炭を水槽に入れる前には必ず煮沸や洗浄しておきましょう。特にアクアリウム用に市販されていない炭にはタールや灰汁などが含まれているため、煮沸してそれらを炭から抜く必要があります。また、アクアリウム用であっても最初は表面に細かい粉末が付着していることがよくあるため、誤ってグッピーが食べてしまわないように洗浄する必要があります。

味わいも出る備長炭

その3　水の硬度を上げる溶岩石

溶岩石は、火山噴火時のマグマが固まってできた石を言います。特徴として、多孔質であるためにろ過バクテリアの棲み処となりやすく、間接的に水質の浄化に役立ちます。観賞用としても単体もしくは着生植物に活着させて景観を楽しむことができます。ただし、その反面凹凸が多くしかも尖っている部分があるため、グッピーがぶつかってゲガをしたり、ヒレを傷つけたりするリスクもあります。また、水の硬度を上げるといった作用もあるため、注意して使用しましょう。

独特の風情を感じる天然赤溶岩石

- **アクセサリー類はそのまま水槽に入れてよいのか、事前処理が必要なのかを確認しよう**
- **それぞれのアクセサリー類がもたらす水質や他の生き物への影響に注意しよう**

コツ16 快適に暮らせる水槽を立ち上げよう

グッピーの水槽を立ち上げる際は、水槽に低床を敷き、フィルターやヒーターの設置のあとで水草を配置し、そこに流木や岩石などを入れたいのであれば、その配置を決めます。次に水を入れて中和剤で塩素を中和します。次に、バクテリア添加剤を入れて水質が安定するまで３日〜１週間程度そのままにしておき、透明で安定した水になればいつでもグッピーを入れることができます。

水槽作りの手順

❶水槽に低床を敷く

砂利などの低床は、水につけたときにゴミや汚れで濁ります。使う際は、ある程度濁りが出なくなるまで洗い流しましょう。洗い終えた低床はスコップを使って水槽内に入れていきます。そして、きれいにならします。

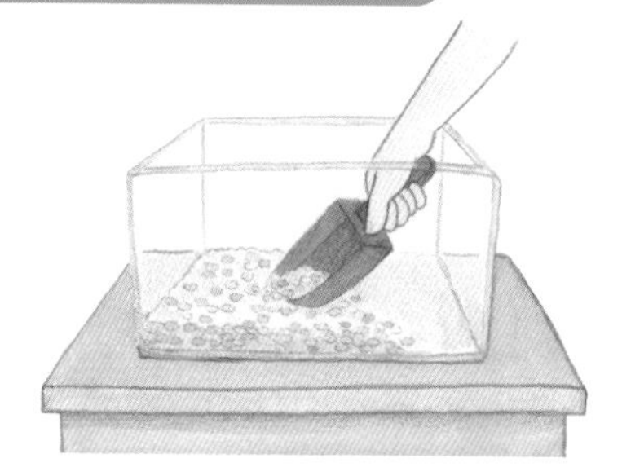

❷フィルターやヒーターの設置

フィルター（ろ過器）が内部式（水槽内に置くタイプ）の場合はこの段階で設置しましょう。また、この段階でヒーターも設置します。

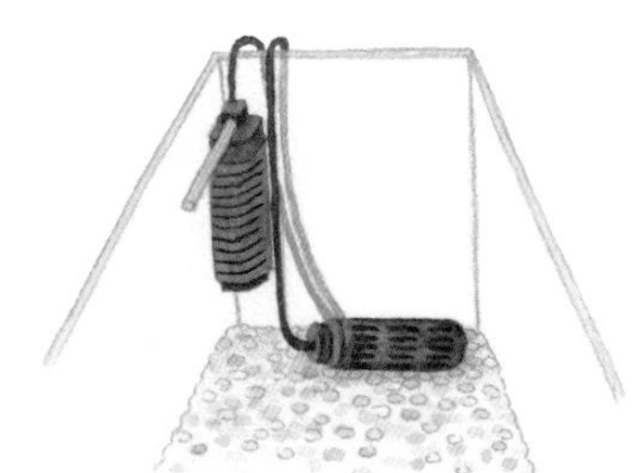

❸水草の配置

水草は、市販されたままだと保護材（ポットやウールなど）が付けられたままですので、それを水草本体を傷つけることのないように取り除きます。目視してみて、傷んだり枯れたりしている部分は取り除きましょう。

低床に植える場合は、ピンセットで水草の茎を傷つけることのないようにつかんで、低床の中に差し込みます。

❹お好みでアクセサリー類を入れる

流木や岩石など、配置に気を配りながら置いていきます。

❺あらかじめ作った水を入れる

アクセサリー類や水草をすべて配置し終えたら、あらかじめ作っておいた水を注ぎます。

用意した水が水道水の場合は、塩素中和剤を入れてカルキ抜きをしておきましょう（中和剤の投入は水槽内に水道水を全部入れた後でもOK）。

その水を水槽に入れるとき、勢いよく注いでしまうと、せっかくの配置が崩れたり、水草が抜けたりしますので、あらかじめビニールや底の浅い受け皿などを置いて水の勢いが弱まるようにして注ぎましょう。

水槽に半分ほど注いだら、それらを取り出し、残りの水を注ぎます。

その際に、フィルターとヒーターのコンセントを入れて、各器具が正常に動いていることを確認しましょう。

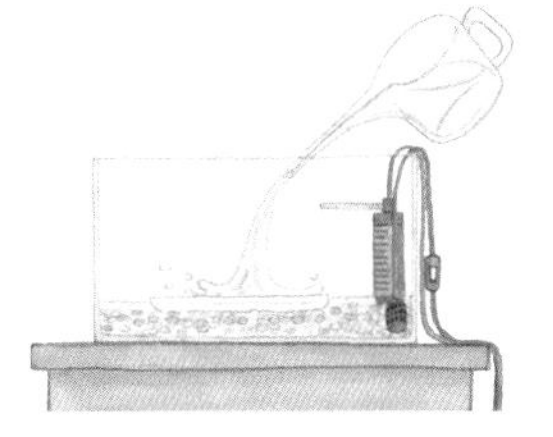

❻バクテリア添加剤を入れる

水質が安定するまで3日～1週間程度そのままにしておきます。

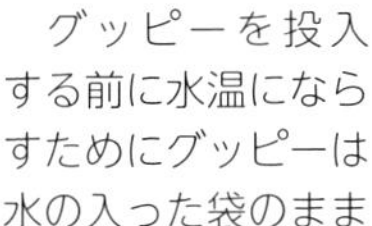

❼グッピーを水温にならす

グッピーを投入する前に水温にならすためにグッピーは水の入った袋のままで、水槽の水に浮かべます（目安は30分～1時間ほど）。

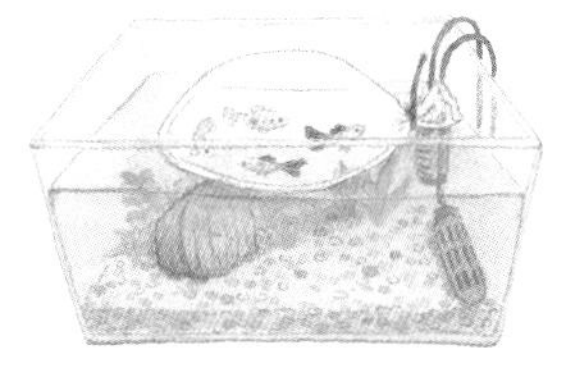

❽グッピーを水槽内に放す

新しい水に慣れてもらうため、グッピーを小さな容器に移して、それまでいた水に少しづつ水槽の水を足していき、水質合わせを行います。1時間ほど慣らした後に水槽内に放ちます。

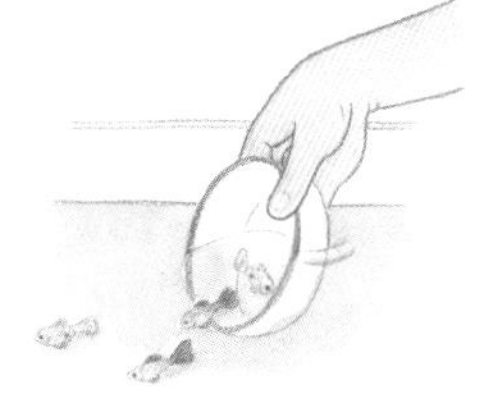

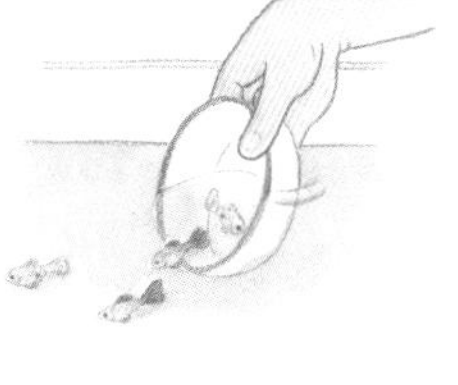

- **水を入れる前に低床を敷き、水草や必要な機器を取り付ける**
- **水が水道水の場合は必ず中和剤を入れる**
- **水が安定するまで待つ**

コラム①

ドイツイエロータキシードの誕生とその後

◎タキシードの歴史

今日では国産グッピーの御三家の一種と言われ、人気が続いている「ドイツイエロータキシード」。

もともとタキシードは、アメリカ・ニューヨークのブリーダーによって1960年代前半に存在が発表された品種です。当時のタキシード（初期のもの）は、尾ビレがブルーやグリーンの基調色で、何らかの模様を持つタイプだったようです。それらは今日では、「ブルータキシード」、「グリーンタキシード」と呼ばれています。

ちなみにタキシードとは、体の後半（尾筒）が黒や濃紺などの単色で彩られ、これを礼服（タキシード）に見立てて日本で名付けられた品種です。欧米では「HB（ハーフブラック）」と呼ばれます。

この初期のタキシードが、ドイツイエロータキシードとして新たな品種として作出されたのは、1960年代後半のドイツでのことでした。そして同年代末の1969年に日本に輸入されました。その姿は、背ビレと尾ビレがまるで絹のような質感と色合いを持ち上品で優雅、いかにもドイツ人好みの美しさであり、日本人の心もたちまち虜にしました。

その後、1990年代に日本でグッピー人気が高まった際に、大ブームを巻き起こしました。

グッピーファンの心を虜にした
「ドイツイエロータキシード」

◎遺伝的な特徴

タキシードには遺伝的な特徴があります。それは、体の色彩・模様などを表現する遺伝子は性染色体の中のX染色体上に存在しており、それが尾ビレの模様や形状を表現する遺伝子とつながっていることです。つまり、タキシードは体の色彩・模様と尾のそれとが1セットになって表現されるということです。しかも、タキシードは優性形質のため、X染色体上にこの遺伝子があれば、どんな品種とかけ合わせても、タキシードが産まれてくるというわけです。さらに、ドイツイエロータキシードはそのことに加えて、例外的にY染色体上にもタキシード遺伝子を持っているといった特殊性があります。(遺伝子についてはコツ34参照)

◎多品種化するタキシード

今日日本では、初期のタキシードとモザイク系品種とを交配させることにより、新たに「タキシードモザイク」へと品種改良されました。また、リボン系品種との交配によって誕生した「タキシードリボン」は、各ヒレが伸長するリボン形質の表現によって、より一層優雅な姿を見せてくれます。

サンセットドイツイエロータキシードリボン

ドイツイエロータキシードリボン

このように、今日ではざまざまに改良品種が作出され、グッピーファンの目を楽しませています。

第2章

グッピーを世話しよう

本章では、日常の飼育管理に関するコツや水槽内で他の
生き物を混泳させる際のコツなどを紹介いたします。

コツ17 エサの適切な与え方を知ろう

常に元気よく泳ぎ回っている魚類には、栄養価の高いエサを与え続けることが大切です。エサの栄養価の高さの基準としては、エサの中に「粗タンパク」と「粗脂肪」がどれくらい含まれているかによります。具体的には、エサ全体の中で、粗タンパクは45%以上、粗脂肪は8%以上とされています。また、そこに各種ビタミンなどの栄養素が添加されています。そこでお勧めなのが、熱帯魚用もしくはグッピー専用フードとして市販されている「人工飼料」(フレーク状もしくは顆粒状)を主食として与えるということです。

その1 主食は市販のグッピー用のエサを使おう

人工飼料は天然の生きエサなどと違い、必要な栄養素がバランスよく配合されています。しかも管理に手間がかかりません。このあとで紹介しますが、生きエサや、冷凍や乾燥させたエサなどとバランス良く組み合わせて与えることが大切です。

なお、栄養価の高いエサの食べ残しが水槽内に残ってしまい、それが水質悪化の原因となることがあるため、エサの成分に水質悪化予防の善玉菌などが含まれているものを選ぶと良いでしょう。

市販されているエサは、お店でもネットショップでも手軽に購入できる

その2 その他のエサもときには利用しよう

生きエサや冷凍または乾燥などの動物性のエサは、副食として利用するのがいいでしょう。

そうした動物性のエサとしては、ブラインシュリンプやイトミミズ、ミジンコ、アカムシ(ユスリカの幼虫)などが市販されており、グッピーが好んで食べます。

毎日同じエサばかりを与えていると食い付きが悪くなることもあるため、これらを与えることは良いことですが、管理や費用面で手間やコストがかかったり、ともすると水質の悪化を早めたりしますので、たまに与えることをお勧めします。

ミジンコとイトミミズ

その３　エサは少量ずつ与えよう

エサは１日２回～３回ほど与えましょう。１回に与える量は、２～３分以内に食べつくす程度の量が目安です。エサを与える時間は飼い主の生活リズムに合わせて問題ありません。例えば、通学しているお子さんや日中働いている人などであれば、朝の起床時か出かける前、帰宅後の夕方、夜寝る前などに与えましょう。あらかじめエサの時間を決めておくと生活のリズムが整うため良いでしょう。

水面に浮いたエサを食べている様子

- **主食は人工飼料で十分**
- **生きエサや冷凍または乾燥などの動物性のエサは、副食として与えよう**
- **１回のエサは２～３分以内で食べられる量を与えよう**

コツ18 健康状態をチェックしよう

飼育しているグッピーの健康状態を管理することは、飼い主にとって大切な日課の一つです。健康状態をチェックする方法として、ふだんと違った異常な動きをしていないか、体の各部位に異変はないか、糞の色に異変はないか、などの見方があります。

その1　行動に変わった様子がないか見てみよう

エサをあげても食べない、泳ぎがいつもと違う（直線的であったり、すぐに物陰に隠れたりする、底でじっとして動かない、横になって沈む、常に水面を漂っている、クルクル回るように泳ぎ出すなど）、エラの開閉が早く呼吸があらい、体を物にこすりつけるような行動をしている、などの行動が見てとれれば、何らかの病気にかかっている可能性があります。別の水槽に隔離し、適切な処置をしましょう。

水面をフラフラと漂いがちになったら要注意

その2　体の各部位をチェックしよう

グッピーの体の各部位に異変が見られた場合には、病気を疑いましょう。例えば、ヒレをたたみ気味にして泳ぐ、お腹がパンパンに膨れている、ヒレがボロボロになっている、口やヒレの先端が白濁している、体に白い綿みたいなものが付いている、ウロコが逆立っているなどの症状が出ている場合には病気の可能性があります。ただちに別の水槽に隔離し、適切な処置をしましょう。

カラムナリス病の症状として尾ヒレがボロボロになる

その3　フンの色を見よう

グッピーの健康状態のフンは、基本的に食べ物の色がそのまま出ます。例えば、人工飼料などのフレーク状のエサは赤や黄土色などをしています。また、グッピーは雑食性で水草やコケを食べてしまうこともあるため、フンが緑色になって排出されることもあります。これらのフンは、グッピーの様子に異変がなければ、基本的には健康状態のフンだと言えます。しかし、白いフンが排出される場合は注意が必要です。消化不良や何らかの病気にかかっているなど、健康状態が良くない可能性があります。ただちに別の水槽に隔離し、適切な処置をしましょう。

フンの色一覧

色	考えられる原因
白	腸炎（腸粘膜などが出ていると推測される）
黒	稚魚を食べた共食いのあと
緑	藻類など
茶	健康的なフン

- 行動の様子を見てみよう
- 体に異変がないか見てみよう
- 糞の色を確かめよう

コツ19 定期的に水を換えよう

グッピーの生活は水の中です。したがって水質が悪くなるとグッピーの体調にも影響を及ぼしてしまいます。そこで、定期的な水換えはグッピーの飼育には必須の作業になります。水の汚れ具合を見ながら、定期的に水を換えましょう。それがグッピーを健康に飼育する重要な要素になります。

その1　水換えは水温に気をつけよう

水替えはメダカの健康維持のために欠かせませんが、ここで気をつけたいのが水の温度です。新しい水と古い水に大きな温度差があると、メダカは心臓麻痺を起こしたり、身体の表面を覆っている粘膜が損傷したりして、病気にかかりやすくなります。

この身体の表面を覆っている粘膜は、病気からメダカを守る役目を持っているので、注意が必要です。

新しい水と水槽内の水の温度差に気をつけよう

その2　水換えは基本的に週に1回程度が目安

定期的に水を換えるといっても、必ず同じタイミングでという訳ではありません。水槽の大きさや飼育数、エサやりの頻度によって最適な水換えのタイミングは異なります。

基本的に週に1回程度を目安に、水槽の水の3分の1を飼えましょう。グッピーは水質に敏感なため、1度にあまり水を換えてしまうとストレスになります。また、水質を浄化する働きのあるろ過バクテリアも減らしてしまうため、1回に交換する量には気をつけましょう。

時期や水の汚れ具合を見て水換えしよう

その3　手順は、新しい水をつくることから始めよう（天日で水槽水をつくる場合）

水換えの手順をしっかり覚えておきましょう。

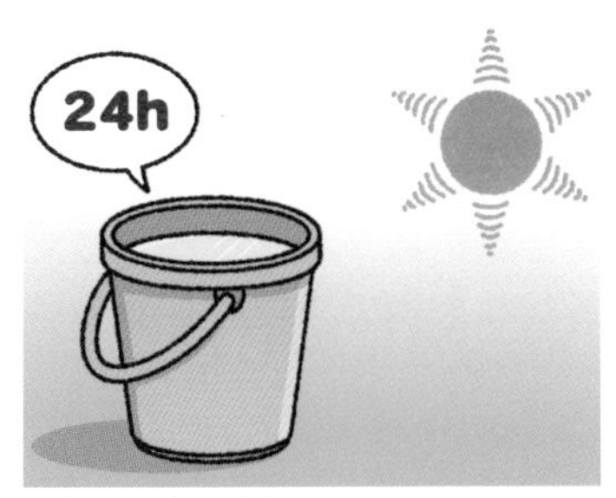

①新しい水をつくる
水道水を1日以上汲み置きしたものか、中和剤を入れた水を使いましょう。

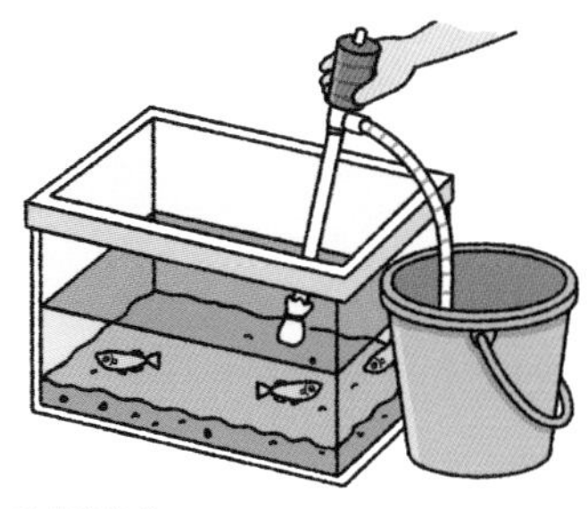

②水を抜く
小さな水槽の場合、新品の灯油用ポンプを水抜き用のポンプとして使うと便利です。グッピーに注意しながら、水槽の3分の1ほどの水を抜きます。

③水槽の掃除をする
目の細かいアミを使用し、水槽内のゴミを取り除きます。水槽の壁が汚れていたら拭き取ってください。底床が舞わないよう気をつけながら行ってください。（コツ21参照）

④水槽に水を入れる
最後に①でつくった水を入れます。このときも、底床が舞わないようにゆっくりと入れていきます。できるだけ水温が変わらないように気をつけましょう。

■ 水抜き用のポンプのつくり方

水槽から水を抜くときに便利です。新品の灯油用ポンプを用意し、ガーゼを吸い込み口に当てて輪ゴムでくくればOK。

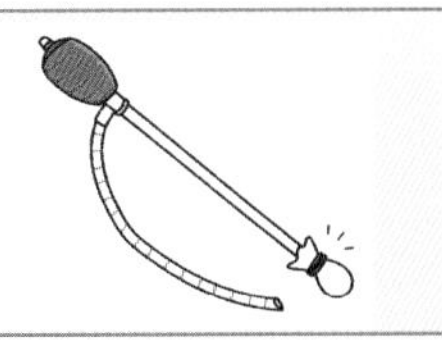

- 水温に気をつけて、水換えをしよう
- 水換えの頻度は基本的に週1回程度
- 換え用の新しい水をつくることから始めよう

コツ20 グッピーを上手に引っ越しさせよう
～新しい水槽への移動で注意すること～

グッピーを飼育する上で最も神経を使うのが、グッピーの引越しです。この引越しがスムーズに行かなければ弱ってしまいます。グッピーは丈夫な魚ですが、急激な環境変化には弱いので、新たな水槽の水に少しずつ慣らしていくことが大切です。

その1 グッピーを準備しておいた水に慣らせる

購入や譲り受けたグッピーは、準備しておいた水槽の水に慣らす作業が必要です（ポイント16参照）。この作業が上手く行かないと、最悪のときはグッピーが全滅してしまうこともあります。もともとグッピーがいた水の水質と、準備した水質とでは、水温やpHに違いがある場合が多く、その変化がグッピーにショックを与えて、体調を崩させてしまうことがあるのです。それを防ぐためにも、すぐに新たな水槽の中に入れるのではなく、徐々に水に慣らしていくようにしましょう。

その2 水への慣らし方

新たに塩素を抜くために1日以上汲み置きした水（または水道水に中和剤を投入した水）にグッピーを慣らしていく作業は、非常に重要です。

やり方は以下のように進めます。

1. **グッピーの入ったビニール袋（中の水はそれまでいた慣れた水）を水槽に30分～60分ほど浮かべる**
2. **ビニール袋を開けてその中に、もしくは別容器に入れて、その中に水槽の水を少し入れてなじませる**
3. **しばらく様子を見てから、アミなどでグッピーをすくって水槽の中に入れる**

ポイントは、袋の中の水温と水槽の温度を同じにすることです。

ビニール袋のまま新しい水に浮かせておこう

なお、購入後に入っていたビニール袋の水は、水槽の中には移さないようにしましょう。

万一、ショップ側の水槽に何らかの病原菌が入っていた場合に、その菌を水槽の中に入れないためです。

その３　１週間は様子を見よう

水槽に上手く移せたとしても、１週間は注意してグッピーを観察しましょう。

水槽に入れた直後は、グッピーも突然の環境の変化に戸惑っていますが、しばらくすると落ち着いてきますので、少しだけエサを与えてみましょう。与えた分をちゃんと食べきるのであれば､徐々に適量まで増やしていきます。１週間ほどすれば､グッピーも新しい環境に慣れ始め、活発に泳ぎ回るようになります。エサもよく食べ始めるタイミングなのですが、もし元気がないグッピーがいるようなら、その個体が病気を持っている可能性もあります。別の容器に隔離して、様子を見ながら治療も検討してください。

水槽の上からも観察

- 準備した水に慣れさせよう
- 上手にグッピーを移そう
- しばらくは様子を見よう

コツ21 水槽の掃除をしよう

水換えの際、せっかく新しいきれいな水を入れるのですから、水槽の中もきれいに掃除しましょう。タイミングは基本的に水換えと同じでいいのですが、その他のときでも汚れに気がついたら掃除を行いましょう。人もグッピーもきれいな居場所の方が快適に過ごせ、健康が維持できます。

その1 アミで小さなゴミを取り除こう

水を換える時期には、水の汚れだけでなく、いろいろな細かいゴミが浮いていたり、水草の葉などが浮遊していたりします。まず水の中にアミを入れて、これらのゴミや散らばっている葉などを取り除きましょう。

その際、グッピー、特に稚魚がいる場合は、小さいので気づかずに掬わないように注意が必要です。水槽の中で飼育しているグッピーが少ない場合は、あらかじめアミで掬って違う水槽などに入れておいてもいいでしょう。

水の中に漂っているゴミは取り除こう

その2　コケが付いていたら拭き取ろう

水槽の汚れでいちばん目立つのは、ガラス面に付着したコケでしょう。コケはスポンジや市販のコケ取り用クロスなどで拭き取ります。正面だけではなく、両サイドや背面のコケも一緒に取りましょう。ただし、他の生き物を混泳させている場合、その生き物がコケを食べてくれる性質のものであれば、人が除去しなくてもすむ場合もあります。

その後に水を三分の一ほど抜き、次に、底に敷いている砂や砂利の汚れを落とします。

コケが付いたら取り除こう

その3　水槽の下に沈んだフンやエサの食べかすなどを取ろう

汚れているのに気がつきにくくなるのが水草の間や下に溜まったフンやエサの食べかすです。いくら水換えをしていてもそのまま放っていたら水質悪化の原因ともなります。水槽の大きさや飼っている個体の数にもよりますが、サイズが大きくて水草も多く入れている場合には、見た目ではわかりにくいので注意が必要です。大きな水槽の場合は専用のクリーナーを使うと便利です。１週間に１回などの期間を決めて定期的に取り除きましょう。

低床の中に紛れ込んだゴミを
専用のクリーナーを使って吸い出している

- アミで小さなゴミを取り除こう
- ガラス面のコケは、スポンジなどで落とそう
- 水槽の底に溜まったフンやエサの食べかすも定期的に取り除こう

コツ22 飼育日記をつけよう

せっかくグッピーを飼い始めたのですから、この機会に飼育日記を書きましょう。細かなことまでと思うと億劫になりますので、メモ程度からスタートして、気づいたことを書いてみましょう。読み返すと記録になって、何か困りごとがあったときに過去にどんな対処をしたのか分かって便利です。

その1　基本的なことから日記を始めよう

毎日ただ漫然と見てチェックするよりも観察する視点が生まれるのが、飼育日記の良い点です。しかし、いちいち書くのが面倒だったら、その日の水質や水温、グッピーの様子など、気づいたことをメモのような形で記録してみましょう。グッピーの飼育数が少ない場合、だいたいの区別がつくので、個体別に記録しても楽しいでしょう。

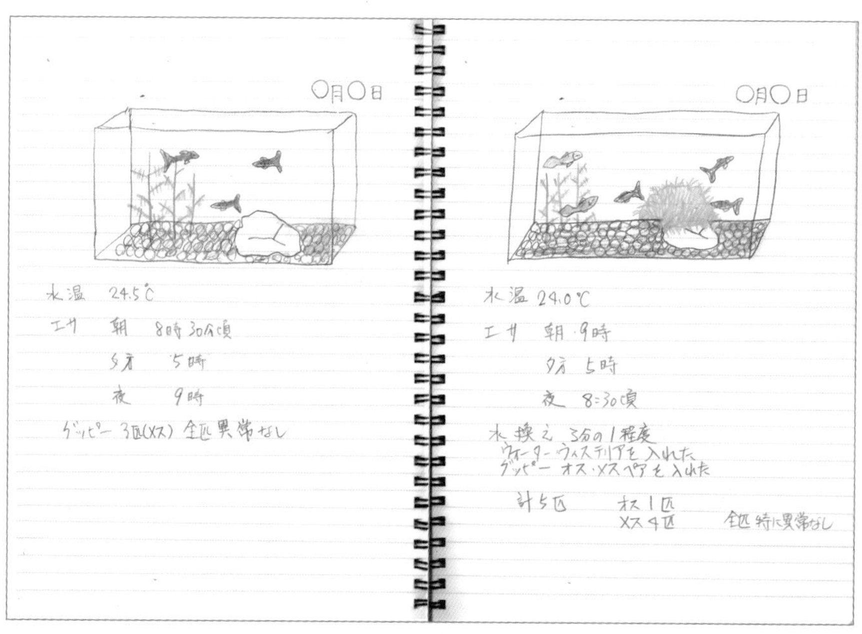

ノートなどにその日にあったこと、気がついたことを記録していこう

その2　写真や画像も残そう

　文章だけでは、あとでよく分からなくなってしまう場合もあります。何か気づいたことがあったら、デジタルカメラやスマートフォンのカメラなどで撮影しておきましょう。グッピーの成長記録になり、病気かも知れないと思ったときにも、健康だったときの様子と比較ができて、病気の早期発見が可能になります。せっかくのグッピーの成長や変化は、視覚的にまとめてみるのも良いでしょう。

日々の様子をデジカメに記録

その3　ブログやホームページをつくってみよう

　現在、たくさんの人が自分のグッピーの飼育記録などをブログやホームページで公表しています。毎日の記録を残したり、写真を保存するにはブログやホームページを作ったり、ツイッターやSNSなどで発信してみるのも良い方法です。

　毎日書き続けていれば、読者ができたり、同じグッピーを飼う人たちと交流ができたり。また、長くグッピーを飼っている人からふだんの世話の仕方などを教えてもらったり、いろいろなメリットがあります。時間が許すようなら、ブログやホームページの制作、ツイッターやSNSからの発信も考えてみましょう。

飼育家のブログ例

- 飼育日記をつけて、しっかり観察しよう
- 気づいたことを写真で残そう
- ブログやホームページで飼育日記を作ってみよう

コツ23 飼い主が家を留守にするときの対策も考えておこう

期間の長短は別にして、どうしても飼い主が家を空けるという事態は起こりがちです。そんなとき、グッピーへのエサやりが気になるところです。しかし、エサやり以外に気にすべきこともあります。飼い主が留守にする対策もしっかりとっておきましょう。

その1　家を留守にする前に水換えをしておこう

家を留守にする期間にもよりますが、特に夏場は外気の温度が高い分、水槽内の水が蒸発して水位が下がってしまうことがあります。また、冬は外気が乾燥しがちなため、この季節も水槽内の水が蒸発して水位が下がってしまいかねません。グッピーは水環境に非常に敏感なため、家を空ける際はまずは水の量や水質の悪化具合などをチェックし、水換えをしっかりやっておきましょう。

外で１日置いた水換え用の水

その2　数日程度であれば心配なし

家を空けるからと言って、エサの量をいつもより多めに与えるのは良くありません。排せつ物の量が多くなり、水質の悪化につながりかねないからです。いつも通りでOKです。では、何日エサを与えないで大丈夫かというと、水の温度や個体の健康度にも関係していますので一概には言えませんが、グッピーが健康体で水温も一定に保たれるのであれば数日から１週間程度であれば問題ありません。

その３　１週間以上の期間を不在にする場合

飼い主が、どうしてもお仕事での出張や旅行などで家を１週間以上の期間空けなくてはならないときがあります。そんなときは、信頼できる知り合いに管理を依頼するか、もしくはグッピーの生命に影響の出ない方法で管理される仕組みを作らなくてはなりません。このような場合に考えなければならないことは、エサの供給と水量の確保、そして水質の悪化への対策です。ちなみに、照明は点灯していなくても問題はありません。エサやりは自動給餌器で２～３日に１度の間隔に設定しましょう。また、水量の確保については自動給水器を利用しましょう。また、水質悪化への対策として、ろ過フィルターの汚れ具合を確認し、出かける前には最も綺麗な状態で稼働させましょう。以上が基本的な対策となりますが、不在にする時期、夏季や冬季などの季節性の温度変化への対応（ヒーターやクーラーなどの稼働）も加え、飼い主が不在でもグッピーの生活環境にできるだけ変化が起きないようにしましょう。

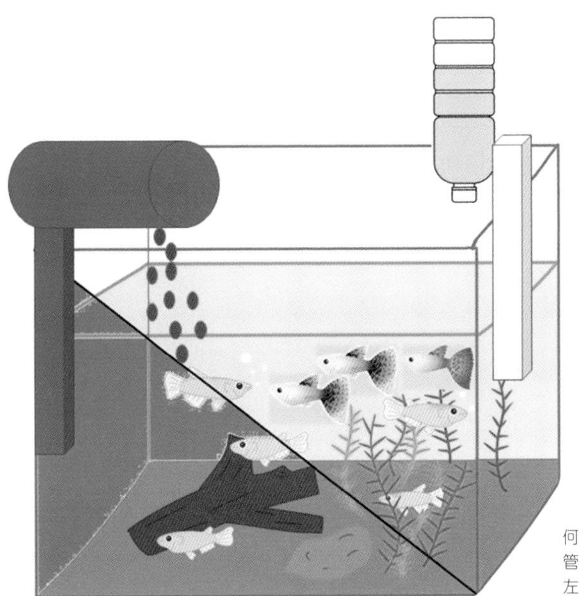

何かの用事で長期間不在にする場合は管理の仕組みが大切。右は自動給水器、左は自動給餌器のイメージ

- 留守にする前には水換えをしておこう
- 数日～１週間程度であればエサの心配はない
- １週間以不在にする場合には、エサ、給水、水質悪化の防止が大事

コツ24 季節ごとの対策をしよう

日本の場合は梅雨の時期や、夏から秋に変わる時期などは気温が不安定で寒暖差が激しいことが多いです。また何も対策を講じていないと、夏の時期には水温が上がり過ぎたり、逆に冬の時期は水温が下がり過ぎたりといったことが、グッピーにとってはかなりのストレスになる危険性があります。

その1　梅雨の時期対策

もうそろそろ暖かくなったからと言って、ヒーターを外すのは要注意です。この時期は昼間でも気温が一定しておらず、特に深夜から明け方にかけて気温が一気に下がることもあります。油断せずにヒーターをつけて常に水温を一定に保ちましょう。

梅雨の時期は気温が不安定

その2　夏の高温対策

近年、日本の夏は異常なほど暑い日が続いたりしています。何も対策をしなければ水温が上昇し、温度に敏感なグッピーに大きなストレスがかかり、弱って病気に罹りやすくなったり、命取りになる危険性もあります。小まめに水槽内の水温を測り、30℃を越えることの無いように管理しましょう。水温を下げる方法には、冷却ファンや水槽用クーラーを使う、室内の温度を冷房などで下げる、照明機器をより水槽から離す、エアレーションするなどの方法があります。そのときの状況に応じた方法で水温の上昇を防ぎましょう。

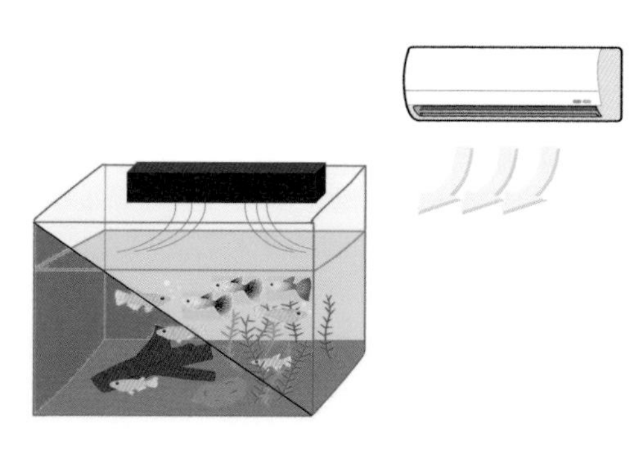

暑い日には水温の上昇を抑えることが大切

その3　夏から秋対策

この時期は、かなり暑い日もあれば、逆に涼しい日もあります。夏に備えた水槽用クーラーや冷却ファンなどの冷房機器とヒーターの両方を使えるように準備しておきましょう。秋も深まり、日中の温度が低く涼しくなってきたら冷却機器を外しましょう。

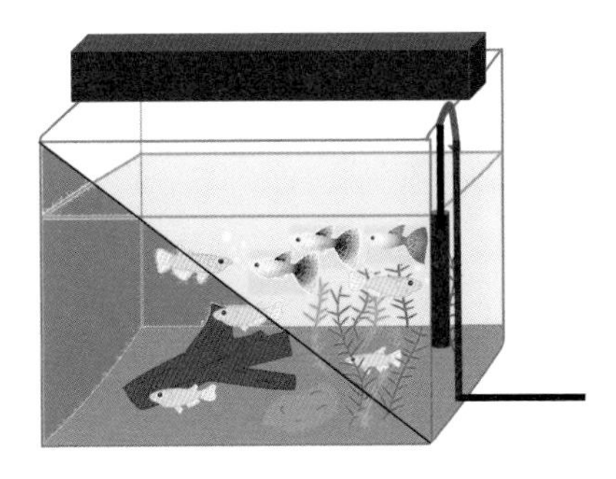

冷房機器と暖房機器の両方を使えるようにしておく

その4　冬は20度以下にならないように注意しよう

冬や早春の時期など、外気温が低いときには、そのまま何もしなければ水槽の水の温度も低下してしまいます。水温は低くても20度以下にならないように注意が必要です。したがって、特にこの時期にはヒーターを使用するなど、水温が低くならないようにしましょう。

ちなみに、グッピーが生きていくために必要な水温は15度と言われています。もちろん、個体によってはそれ以下でも生存するものもいますが、この温度が下の限界温度と考えられます。

水温を適正範囲内に保つ主な対策
（そのときの状況により最適な方法を行いましょう）

水温が低下したときの対策	水温が上昇したときの対策
・水槽用ヒーターで水温を温める ・エアコンで外気温を高める ・水槽の左右後ろの3面を発泡スチロールや新聞で囲う（保温効果） ーなど	・水槽用クーラーや冷却ファンで水温を下げる ・エアコンで外気温を下げる ・照明を調節する（弱める、少し離す） ・水換えする ・エアレーションする ーなど

- 温度変化の激しい梅雨の時期は要注意
- 夏は30度以上にならないように注意
- 冬は20度以下にならないように注意

コツ25 他の生き物と混泳させよう

水槽内でグッピーと一緒に他の種類の魚やエビなどとの混泳は、自然観が増し、しかも水槽内の色どりも豊かになることから、観賞する上での楽しみが増します。しかしグッピーはどの生き物とも混泳できるわけではありません。そこで、ここでは混泳できる生き物と混泳できない生き物をご紹介します。

その1　グッピーの特性を理解しよう

グッピー自体はとても温和な性格で、他の生き物を襲うということはありません。また、泳ぐ速度が遅く、あまり泳ぎの早い魚と混泳させると、エサを食べることができなかったり、追いかけ回されたりすると疲れて弱ってしまう可能性もあります。さらに、グッピーは大きくて派手なヒレを持っているためによく目立ち、魚の種類によっては格好の攻撃の的となったり、ともすれば餌食となってしまう可能性もあります。

ヤマトヌマエビとの混泳の様子

その2　混泳に向いている生き物

グッピーと混泳させることのできる生き物には条件があります。魚種であれば、グッピーよりも速く泳げたり、体の大きな生き物はグッピーのストレスになります。そこで、生息域が異なっていたり、程よい泳ぎの速さを持ち、体も同じ様な大きさを持っているもの、もしくは害を与えそうな魚種以外の生き物との混泳が望ましいです。

具体的には、小型カラシンの中のネオンテトラやカージナルテトラ、コリドラス、オトシンクルス、ドワーフグラミー、メダカ、クーリーローチ、ヤマトヌマエビなどがお勧めです。(P66～参照)

グッピーとの相性がとても良いカージナルテトラ

その3　混泳に向いていない生き物

混泳に向いていない魚種もいます。泳ぎが早いものやグッピーのヒレをかじってしまうような魚種は向いていません。隠れ家などがあれば混泳できる場合もありますが、できれば混泳はさせない方が良いでしょう。

具体的には、他種のヒレをかじってしまうスマトラ、グッピーと同じ上層をメインに暮らし、しかも泳ぎがグッピーと比べて速いゼブラダニオ、グツピーよりも体が大きくなると攻撃的になる習性を持つエンゼルフィッシュ、尾ビレをかじるキャリスタスなどがいます。

攻撃的になる習性を持つエンゼルフィッシュ

- グッピーの特性を理解しよう
- 混泳に向いている生き物を知ろう
- 混泳に向いていない生き物を知ろう

混泳に向いている生き物の紹介

ネオンテトラ

ネオンテトラもグッピーと同様に、比較的温和な性格をしています。また、体も丈夫である程度の水質の変化には対応できます。近縁種のカージナルテトラとの違いは、鮮やかな赤いラインがネオンテトラは尾から体の半分程度までに対し、カージナルテトラは尾から頭まで全体にわたっていることです。

［基本データ］
寿命：２～３年／体長：３～４cm／遊泳層：中層・上層
適性水温：25～28℃／適性水質：弱酸性～中性

カージナルテトラ

ネオンテトラの近縁種であるカージナルテトラの特徴は、ネオンテトラに比べて体が一回り大きいことと、鮮やかな赤い線が頭から尾まで全身にわたっていることです。性格は穏やかで、ネオンテトラ同様にグッピーとの相性が良い魚種です。

［基本データ］
寿命：２～３年／体長：４～5cm／遊泳層：上層・中層
適性水温：25～28℃／適性水質：弱酸性～中性

コリドラス

南米原産のナマズの仲間で、自然下では群れで行動しています。泥や砂の中にあるエサを探す習性があり、混泳では水槽の底床部に残ったエサを処理する働きを期待されます。性格はおとなしく、他を攻撃することはありません。

［基本データ］
寿命：２～10年／体長：３～10cm／遊泳層：下層
適性水温：25℃程度／適性水質：弱酸性～中性

オトシンクルス

南米原産のナマズの仲間で、コリドラス同様に水槽内の掃除役を期待されます。ただし、オトシンクルスが掃除をするのは水草や流木、ガラスの壁面に付いた藻・コケです。それらを食べてくれます。また、水草でよく発生するスネール（巻貝）の卵なども食べてくれます。性格は穏やかです。

[基本データ]
寿命：約３年／体長：3 ～ 10cm ／遊泳層：下層
適性水温：22 ～ 28℃／適性水質：弱酸性～中性

ドワーフグラミー

南アジア原産のスズキの仲間で、品種改良が盛んで、カラーバリエーションが豊富な熱帯魚です。普段はあまり攻撃的ではなく大人しい性格をしていますが、時折、他の魚を追いかけ回すことがあります。

[基本データ]
寿命：２～３年／体長：5cm ／遊泳層：上層・中層・下層
適性水温：25 ～ 28℃／適性水質：弱酸性～弱アルカリ性

メダカ

メダカは東アジアから東南アジアにかけてさまざまな種類が生息しています。生息地では、動物プランクトンなどをエサにして流れの穏やかな小川や水路などにいます。温和な性格ですので、他の魚と争いを起こすことはありません。

[基本データ]
寿命：１～２年／体長：3 ～ 4cm ／遊泳層：上層・中層
適性水温：18 ～ 30℃／適性水質：中性～弱アルカリ性

クーリーローチ

東南アジア原産のドジョウの仲間です。流れの遅い川の泥炭湿地、池や沼などに生息しています。見た目が綺麗で、水槽内に色どりを添えます。また、グッピーなどの食べ残しを食べてくれることから、水槽内の掃除役として期待されます。臆病な性格で他を攻撃することはありません。

[基本データ]
寿命：5～10年／体長：10cm程度／遊泳層：下層
適性水温：20～28℃／適性水質：弱酸性～中性

プレコ

南米アマゾン川流域とオリノコ川流域を原産地とするナマズの仲間です。水槽内の食べ残しのエサやコケを食べてくれるため、掃除役としての働きを期待されます。プレコには多くの種類が生息しますが、中でもブッシープレコやタイガープレコなどの小型のプレコは、グッピーとは遊泳層が異なる上、大人しい性格なので、混泳に向いています。

[小型種の基本データ]
寿命：3～5年／体長：5～15cm／遊泳層：下層
適性水温：22～25℃／適性水質：弱酸性～中性

ヤマトヌマエビ

インド洋から太平洋沿岸の河川に生息する淡水生のエビです。食欲が旺盛で、水槽内のフンや食べ残ったエサ、藻類や水垢などを食べてくれるため、水槽内の掃除役として期待されます。エサが不足した場合に弱った稚魚を食べることはありますが、通常は魚を襲うことはありません。

[基本データ]
寿命：2～3年／体長：5cm／遊泳層：下層
適性水温：20～25℃／適性水質：中性～弱アルカリ性

ラムズホーン

ラムズホーンはインドや東南アジアに生息している巻貝のインドヒラマキガイが原種。見た目がとても綺麗な上、食べ残ったエサや水槽に生えたコケを食べてくれるため、掃除役としての働きを期待されます。ただし、繁殖力が強く、水槽にどんどん増えてしまうため注意が必要です。

[小型種の基本データ]
寿命：1～2年／体長：2～3cm／遊泳層：下層
適性水温：15～30℃／適性水質：弱酸性～弱アルカリ性

コラム②

ブルーモザイク作出への情熱

◎グッピーとの最初の出会い

グッピーブリーダー
鈴木将則さん
グッピーの飼育水槽を背に

東京都出身の鈴木さんは、ブリーディングを趣味で始めて約30年にもなるベテラン中のベテランと言えます。もともと生き物全般が好きだという鈴木さんがグッピーを飼い始めたきっかけは、30年以上も前のこと、日本の淡水魚を飼いたいと思ってアクアショップに行ったところ、グッピーの綺麗さに惹かれて購入したことでした。

最初に飼い始めたのが外国産のマルチタキシード。しかし、当時は飼育に慣れていないため、すぐに死なせてしまいました。そこから、なぜすぐに死んでしまったのか原因がわからないまま、何回となく外国産グッピーを1～2ペアほど購入しては死なせてしまうといった経験をしました。あるとき、近所で知り合いの飼育家からグッピーを譲ってもらったところ、そのグッピーは長生きしたと言います。そのとき初めて、購入したグッピーがすぐに死んでしまう原因は、病気を持っていたからだということを知りました。

◎ブリーディングへの取り組み

鈴木さんが15年以上もの年月をかけて作出したブルーモザイク。その中のブルーモザイクリボン

その後もグッピーの飼育に関するさまざまなことが経験や知識となり、やがて本格的にブリーディングを始めていきます。鈴木さんが今までに作出した品種の数は「ターコイズブルーモザイク」「ターコイズグリーンテール」「サンセットブルーモザイク」「サンセットブルーモザイクタキシード」「ギャラクシーブルーモザイク」など約40種にものぼります。特に会心の出来が「ブルーモザイク」です。この品種は、鈴木さんが25年前から取り掛かり完成の域に達するまでに実に15年以上の歳月をかけたといいます。

品種ごとに水槽を分けて飼育しているため、今では30cm～60cmの水槽を合わせて80本程度所有しています。世界及び日本の全国各地で国産グッピーの愛好団体によって開催されるコンテストでは、優秀賞をはじめ、数々の賞を受賞してきました。全国でも有数のトップブリーダーのお一人です。

今後ブリーディングをしていきたい人へのアドバイスとして「品種作出には、親となるオスとメスは5匹以上使うとよい」と言います。

ぜひグッピーのブリーディング初心者の方は参考にされて、ご自身の会心の出来となる新品種づくりに取り組んでいただければと思います。

第3章

グッピーの繁殖と稚魚の保護・飼育

本章では、グッピーの繁殖や産まれたての稚魚の保護・飼育のコツや、グッピーの作出に関する基本的なことなどを説明いたします。

コツ26 繁殖のための準備をしよう

産仔させて稚魚から育てれば、さらにグッピーの個体数を増やすことができます。オスとメスを同じ水槽に入れ、水槽内を最適な状態に保つコツがつかめれば、意外に簡単に殖やすことができるので、グッピーの飼育に慣れたところで、繁殖に挑戦してみましょう。

その1　繁殖の前によく考えよう

グッピーを殖やすのはそう難しいことではありません。ただし、殖えるからと殖やしすぎれば、世話が行き届かなくなってしまうことも。自分で何匹ぐらいまでなら飼育できるか、費用はどのくらいまでならかけられるか、全部のグッピーを最期まで飼えるかを自分で確認してみましょう。もし飼いきれなくなったからといって、近くの川などに放すのは絶対に止めましょう。

産まれたての稚魚が泳ぐ様子

その2　オスとメスを一緒にする際の注意点

当然のことですが、繁殖にはオスとメスを同居させる必要があります。その際に健康なオスは、メスを絶えず追いかけ回すといった行動をとります。メスはオスにしつこく追い回されると、ともすればストレスで弱ってしまう個体もいます。そこで、オスよりもメスの数を多くすると良いでしょう。一般的にオス１に対してメス３くらいの割合が望ましいとされています。

アルビノのオスとメス

その3　グッピーが産仔する条件を知ろう

グッピーは適正な水質で23℃以上の水温、そしてエサを十分食べて健康体ならば１年中仔を産みます。逆に水温が20℃以下になると産仔が活発に行われなくなります。

ちなみに、グッピーの産仔数は初産だと１回あたり10～20匹ほどですが、回数を重ねるごとに増加していきます。

産仔しそうなメスのグッピー

- 殖やす前に最期まで世話ができるか考えよう
- 産仔の条件を知ろう
- オスとメスを同じ水槽に入れよう

コツ27 産仔の基礎知識を持とう

グッピーの繁殖には、飼い主の繁殖・産仔への理解が不可欠です。長く元気に繁殖を続けてもらうために、オスとメスがどの時点で性成熟し、どのように交尾し、お産を経て産仔の直前にメスはどのような行動をとるのかを知っておきましょう。

その１　オスが繁殖行為ができる月齢を知ろう

オスは生後２～３ヵ月で性成熟します。オスは尻ビレが棒状に変化したゴノポディウムという生殖器をメスの排泄肛に押し当てて、精子を注入することで交尾を成立させています。

適齢期になると、オスがメスに対して体をＳ字にくねらせ、体を震わせながらヒレを広げる求愛行動やゴノポディウムを立てながらメスを追いかけ回します。

オスが後ろからメスを追いかけている様子

その２　メスが産仔できる月齢を知ろう

メスも２～３ヵ月で性成熟しますが、できれば産仔は体力がつく４ヵ月目くらいからが理想です。交尾後は、20日～40日くらいで産仔します。メスの特徴として、オスから注入された精子はしばらく保存（10ヵ月以上）できるため、その後交尾をしなくても産仔することができます。

できれば産仔は体力がつく４ヵ月目くらいからが良い

その３　メスグッピーの産仔直前行動を知っておこう

メスは産仔する直前、次のような行動でそのタイミングが近いことがわかります。妊娠しているグッピーの行動に、

①水槽の側面を沿うようにしてせわしなく上下に泳ぐ行動が見られる。

②底で動かなくなる様子が見られる。

③腹部の妊娠マークが大きくなる。

といった特徴が見られるようになったら、産仔するタイミングが近いことを表わしていると考えられます。速やかに産仔のための水槽を準備してそこに移しましょう。

産仔しそうなメス３匹が水槽の底の方でじっとしている

- オスは生後２～３ヵ月で性成熟する
- メスの産仔は生後４ヵ月くらいからが理想的
- メスの産仔直前行動を知っておこう

コツ28 産仔しないときは、条件を見直そう

グッピーがもし思うように繁殖しなかったら、グッピーが安心して産仔できる環境かどうか、水温や水質はどうかといった飼育環境や、そもそもオスかメスのどちらかの個体もしくは両方ともが病気にかかっていないかを見直してみましょう。それでも原因が分からない場合は、もしかしたら相性の問題かもしれません。

その1 安心して産仔できる環境をつくろう

グッピーはストレスを感じやすい魚です。特に生活環境で、水槽が狭過ぎたり、隠れる場所がなくて不安だったりしていると繁殖が抑制されてしまうことがあります。グッピーが安心して生活できるようにするために、水槽内の水草を殖やす、数のわりに手狭になった水槽を大きめのサイズと交換するといったことも検討しましょう。

数が増えて今の水槽が狭くなってきたら、より大きめの水槽に換えよう

その2 水温と水質のチェックをしよう

快適な環境を整える上で、水温と水質は大変重要な要素です。水温が低かったり、水質が悪かったりしている場合も繁殖が抑制されます。今の時点が適正（コツ6参照）がどうかを確認しましょう。

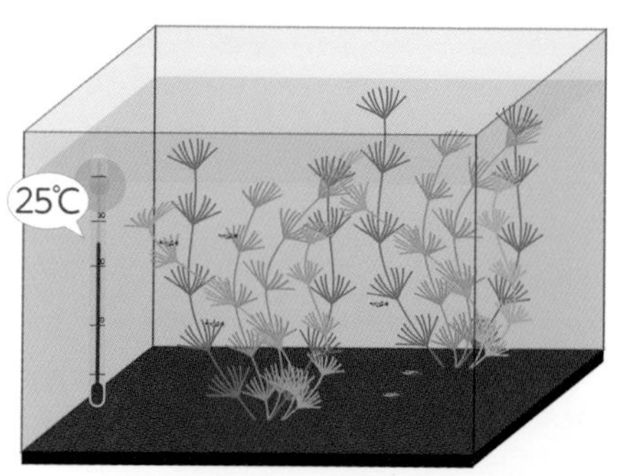

産仔には、水温は25℃くらいが適温

その3　病気を発症していないかを確認しよう

グッピーの病気の中には、不自然にお腹が膨れる腹水病があります。もしその病気にかかっているのであれば、メスのお腹の膨らみは妊娠ではありません。そのほかにも不自然な泳ぎ方をしている場合や、病気を疑うような不自然な動きをしている個体を見つけたら、ただちに隔離し、適切な処置をしましょう。（ポイント 35 参照）

腹水病は妊娠と間違えやすい

その4　ペアを替えてみよう

グッピーは比較的繁殖しやすい魚です。その要因の１つには、オスとメスを同居させた際に特に相手を選り好みしないという基本的な性質があるからです。しかし、そのようなグッピーでも相性が合わないこともあります。そのようなときには、新たなグッピーをその水槽内に入れるといいでしょう。

新たに別の１匹を入れてみる

- 安心・安全な飼育環境かどうかを見直そう
- 病気を疑ってみよう
- ペアを替えてみよう

コツ29 稚魚を育てる環境を整えよう

稚魚が産まれたら、次は稚魚が育ちやすい環境を整える必要があります。スクスク元気に育って、健康な成魚になるまで、毎日注意深く稚魚を観察し、水とエサの管理もしっかりするよう心がけましょう。

その1 親のグッピーと一緒にするときは水草などを入れてあげよう

産まれたての稚魚は、親のグッピーと一緒の水槽にそのまま置いておくと、親やその他の成魚のグッピーに食べられる危険性があります。したがって、数を増やしたいのであれば、稚魚を保護するために、隠れ家となる水草などを入れてあげましょう。そうすれば逃げ場ができ、稚魚の数の減少を抑えることができるでしょう。

水草は稚魚の隠れ家となる

その2　稚魚専用の別の水槽を準備しよう

稚魚が成魚のグッピーの半分くらいの大きさになるまで暮らす別の水槽を準備しましょう。

なお、小さな水槽は水質の悪化が進行しやすく、しかも外気温度によって左右されて温度が不安定になりがちなため、水温の管理に注意を払いましょう。また、稚魚の成長に伴って最初の水槽が手狭になったら、適度なサイズの水槽を用意しましょう。

産仔後は稚魚用水槽になる
（「フロートボックス」［ニッソー］）

その3　危険は回避しよう

成魚のグッピーの水槽にはあった方がメリットがある低床ですが、稚魚用の水槽には底砂や砂利などの低床は不要です。なぜなら、砂利などの間に稚魚が挟まってしまい、出られなくなることがあるからです。

また、酸素ポンプは稚魚に気泡が当たる危険があります。通常、ポンプを入れなくても酸素が欠乏することはないので、余ほどのことが無い限りは入れなくても大丈夫です。

低床は不要

- 親のグッピーと一緒にするときは、隠れ家となる水草などを入れる
- 親グッピーとは離し、別の水槽を準備する
- 稚魚には低床や酸素ポンプは不要

コツ30 改めて稚魚の特徴を確認しよう

稚魚の産まれたては、本当に小さな体です。まだ免疫力もなく、しかもメダカのような体に養分の蓄えもありません。そうした稚魚を成魚まで育てるには、成魚とは違った配慮が必要になります。

その1　産まれたての稚魚の特徴

産まれたての稚魚の大きさは8mm前後です。1ヵ月で1.5cm～2cmほどの大きさになり、2ヵ月で3cmを超えて成魚になります。

グッピーの稚魚が快適に過ごせる水温は、24～28℃の間です。水温が低いようならヒーターなどを入れて温めてください。水温が低いと、その後の成長に影響したり、病気にかかるなどの健康状態の悪化につながりかねません。

また、グッピーの種類によって異なりますが、色が明確に表れる種類だと、稚魚に色が出てくるのは、1ヵ月程度過ぎた体長1.5cm程度になったころです。

なお、稚魚を成魚がいる水槽に戻すのであれば、このくらいの時期からがいいでしょう。

産まれて1ヵ月程度過ぎると色が明確に表れてくる

その２　稚魚が産まれた環境で飼育しよう

産仔によって、容器の中にたくさんの稚魚が泳ぎ回るようになります。グッピーの飼育には１匹に対して１リットルが必要と言われますが、稚魚はこの条件でなくとも大丈夫です。ただし水槽内を埋め尽くすほどの過密状態は良くありませんので、別容器に移しましょう。

しばらくは同じ容器で飼育

その３　すぐには水を換えないようにしよう

稚魚は水質の変化に敏感なので、産まれてしばらくは産まれた水槽で飼育しましょう。

産まれてしばらくは水を換えてはいけません。産まれた際の水の環境が稚魚にとっては最も適しているからです。水の状態と稚魚の成育状態を見て、水換えをした方が良いと判断できたら、水換えを行いましょう。

その後は成魚と同じくらいの頻度で大丈夫です。なお、水換えの際は、小さな稚魚を誤って掬って捨ててしまわないように注意しましょう。

稚魚は水質に敏感

- **産まれたての稚魚の大きさは 8mm 前後、水温は 24 ～ 28℃の間が適温**
- **産まれた水槽で飼育するのが良い**
- **産まれてしばらくは水を換えない**

コツ31 稚魚へのエサの与え方と日々の管理方法を知ろう

稚魚を大切に育てていくためには、毎日のエサやりや水質管理、水温管理など、成魚にも増して飼育管理をしていかなければなりません。

その1　稚魚への適切なエサの与え方

グッピーの稚魚は、メダカなどの卵生の稚魚とは異なり、産まれたときに栄養を蓄えていません。したがって、早めにエサを与える必要があります。

エサは、成魚用は食べられないため、市販の稚魚専用のエサかブラインシュリンプなどの稚魚が食べられるサイズのエサ、もしくは、成魚用を細かく砕いて与えます。毎回１～２分で食べ切れる量を数回（１日３回程度が目安）に分けて与えて下さい。

卵を塩水に入れ、エアーを送って孵化させているブラインシュリンプ

その2　日々の管理で気をつけること

水を循環させる浄化の仕組みを持たない小型のプラスチックケースや水槽などで稚魚を飼育する場合、排せつ物をそのまま放置していると水質悪化につながり、稚魚が体調を壊したり、病気にかかったりしかねません。排せつ物は毎日スポイトで吸い取り、水の汚れを防ぎましょう。残念ながら、病気にかからないようにする完全対策はありませんが、少なくとも衛生管理やストレスを与えることのないように気をつけて、日常の飼育管理を行っていきましょう。

小さなプラスチックケースの中は、
稚魚の近くで排せつ物などが浮遊している

その3　稚魚の事故に注意

稚魚の飼育では、小さいがゆえに、とかくありがちなのは主に人為的なミスによって死なせてしまうことです。稚魚が死んでしまうよくあるケースとして病気以外には、pHショック、餓死、水換えの際に誤って掬って捨ててしまう、水槽一杯に水を入れることによる飛び出し、水流が強すぎる、などの原因があります。pHショックは、水質が合わないことで起きますが、しばらく水換えをしないでいると、エサの食べ残しなどが水質を悪化させてしまう原因になります。また、新たにショップなどから購入して水槽に入れたときなどにも起こりやすいので気をつけましょう。餓死は、成魚や他の魚種と混泳させたときに、エサの取り合いに負けることで起こりがちです。しっかり稚魚にもエサが行き渡っているかを確認しましょう。水換えの際に気づかずに稚魚を掬って捨てることも起きがちです。さらに、メスによく起こりがちですが、追いかけてくるオスから逃げたり、過密状態から逃れたりするために水槽から飛び出て床の上などに落ちで死んでしまうこともあります。また、ろ過装置から流れてくる水流が強すぎるのは成魚にとってもストレスの原因となりますが、まだ体力のない稚魚にとっては致命的です。いずれも飼い主は十分に気をつけましょう。

- **稚魚へのエサやりは１日３回程度が目安**
- **排せつ物は小まめに除去しよう**
- **稚魚を事故に遭わせないように細心の注意を払おう**

コツ 32 稚魚を親の水槽に戻す際は注意しよう

大人のグッピーの半分ぐらいのサイズに育った稚魚は、もう親と同じ水槽に入れても食べられてしまうことのない大きさになっています。タイミングを見て、親と同じ水槽に戻しましょう。小さな稚魚がスイスイと泳ぎ回る姿は、眺めているだけで楽しい気持ちにしてくれます。

その 1　稚魚を守る水草を入れよう

もう親や他の成魚に食べられない大きさに育っているとはいえ、まだまだ弱々しい稚魚に成魚がちょっかいを出してこないとは限りません。そのため、何かで追いかけられるようなことがあった場合の隠れ家となる水草（コツ 14 参照）を入れてあげましょう。

稚魚にとって最高の隠れ家となるパールグラス

その2　病気にかかっていないかをチェックしよう

稚魚も、成魚と同じように病気にかかります。なかなか成長しないのはもちろんのこと、泳ぎに元気がない、水面や水底でじっとして動かないなどの異常が見られる場合は、別容器に移して治療します。

症状に合わせて別容器の中で塩水浴か薬浴をさせましょう（コツ36～37参照）。その際、元いた水槽の水は捨て、中をきれいに洗って新しい水を用意しておきましょう。

尾ビレが畳まれて針のように見えるハリ病。稚魚がかかりやすい病気（コツ35参照）

その3　エサの食べ具合をチェックしよう

親と一緒の水槽に入れた際に、稚魚がちゃんとエサを食べているかをチェックしましょう。親とのエサの取り合いをすることになれば、どうしても負けてしまいがちです。そのため、せっかくエサを稚魚にあげようとしても稚魚には届かずに全て親もしくは混泳している他の成魚に奪われてしまいます。一度に与える量なども検討し、稚魚にもエサが渡るようにしましょう。

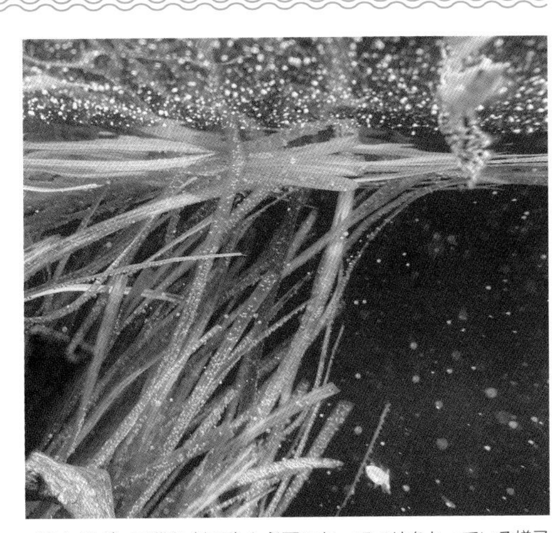

成魚に混ざって稚魚（右下）も必死になってエサをとっている様子

- 親の水槽に入れる際は、身を隠せる水草を入れよう
- 親の水槽に移す際には、稚魚が病気にかかっていないかをチェックしてから移そう
- 移した水槽の中では、エサはしっかり食べられているかをチェックしよう

コツ33 新種のグッピーをつくってみよう（基本編）

グッピーを殖やすのなら、数をたくさん繁殖させるだけでなく、新しい種類のグッピーをつくって楽しんでみましょう。そもそも今、ペットショップで販売されているグッピーは、野生の黒グッピーが突然変異で生まれたものを交配した品種改良グッピーです。これにならって新しい色や柄のグッピーづくりに挑戦してみましょう。

その1 生まれるグッピーを予測してみよう

例えば、今、水槽の中にいろいろな色のグッピーがいるとします。このグッピーの中から親になるグッピーを選んで繁殖させることで、好きな色や形のグッピーを増やすことが可能です。

メンデルが唱えた遺伝の法則を元に、親となるグッピーを選び、生まれるグッピーを予測してみましょう。研究していけば新種グッピーを誕生させる可能性も高まります。

遺伝の法則とは、純系で形質の異なる親を交配させた子ども (F1) は、両方の遺伝子を半分づつ持って生まれる。しかし、この子どもは、片方の優性形質の個体だけが誕生し、劣性形質の個体は誕生しません。

純 F1 同士を交配させた 2 代目の子ども (F2) は、優性形質の個体と劣性形質の個体が、3:1(4 匹に 1 匹) の割合で誕生します（図参照）（※）。

※メンデルの法則はあくまで理論値です。実際と違うことがあることをご了承下さい。

例えとして、青（A）が優性遺伝子、オレンジ（b）が劣勢遺伝子と仮定します。

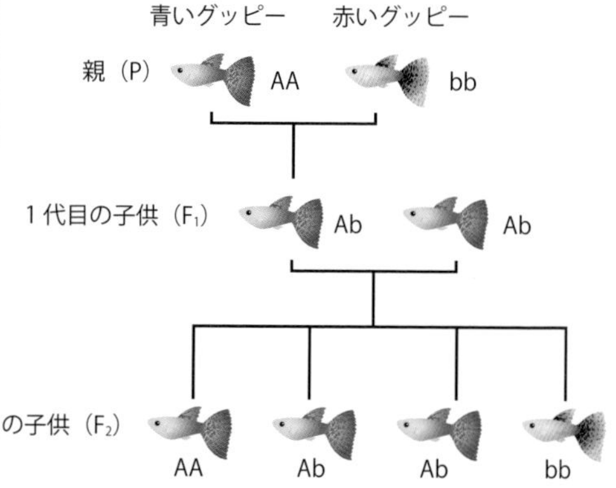

その2　生み出したいグッピーをイメージしよう

仔グッピーの色は、親グッピーの色の組み合わせや強弱で決定されます。オスとメスを交配する前に、仔グッピーの色がどのように出るのかを予測してから親を決めましょう。

その3　親グッピーは厳選しよう

新しい種類のグッピーを作出するときは、次の２つのポイントで選びましょう。

①形や色、ツヤが良い
②元気で健康である

新種を期待して親の色や形を厳選して交配しても、必ずイメージ通りの子が生まれるとは限りません。逆に予測していなかった姿、形、色を持ったグッピーが生まれる可能性もあります。この偶然を楽しんでみるのも良いでしょう。

元気なグッピーを選ぼう

- どんな色、形のグッピーが生まれるかを予測してみよう
- メンデルの法則を元に、生み出したいグッピーをイメージしよう
- 親グッピーは元気で、色・形の良いものを選ぼう

コツ 34 新種のグッピーをつくってみよう（実践編）

ここでは、グッピーの遺伝に関する基本情報を知っていただき、ご自身のオリジナルをつくる上での参考にしてください。

その 1　グッピーの遺伝子の基本

グッピーの染色体の数は、ヒトと同じ 46 本で内訳は、
性染色体 (オス・メスの性の決定に関係／ Y 染色体と X 染色体) ＝ 2 本
常染色体で、22 本× 2 ＝ 44 本
となっています。

性染色体で発現する内容は、体の色彩や模様、尾ビレの色彩や模様などです。一方の常染色体で発現する内容は、グッピーの体色 (体の地色) とヒレの伸長などです。

では、その 2 で具体的に見ていきましょう。

X染色体　Y染色体

その 2　染色体で発現すること

（1）性染色体で発現すること

[体の色彩や模様] **・主に Y 染色体**
タキシード／コブラ／メタル／
プラチナ／オールドファッション
一など

[尾ビレの色彩や模様] **・主に X 染色体**
ソリッド／マルチカラー／モザイク
／グラス／レオパード／コブラ
一など

2）**常染色体**で発現すること

[体色]
アルビノ／ゴールデン／
タイガー／ノーマル
一など

[ヒレの伸長]
デルタテール／ファンテール／
ソードテール／ライヤーテール／
ラウンドテール／ピンテール／
リボン／スワロー
一など

(コツ 2 参照)

その3　遺伝の法則のポイント

遺伝についてメンデルの法則のポイントを述べておきます。

形質には同時には成り立たない組み合わせがあります。それには「優性」と「劣性」という遺伝子上の組み合わせで起きる優劣があります。例えば、体色においてノーマル・グレー（仮にAA）とアルビノ（仮にbb）を組み合わせた場合、その仔は全てノーマル・グレー（Ab）になります。これを「優性の法則」と呼びます。続いて、子の世代のノーマル・グレーとアルビノを交配した場合、それらの遺伝子は分離してそれぞれの細胞に入ります。仔にはそれぞれの細胞にAbの遺伝子が入ります。仮に同じ遺伝情報を持つオス・メスが交配するとAA、Ab、Ab、bbと孫の代（F2）で3対1、つまり4匹の中の1匹にアルビノが産まれます。（前ポイントの図参照）これを「分離の法則」と呼びます。次に、（孫の）アルビノとゴールデンを掛け合わせたとします。ゴールデンはノーマルに対して劣性遺伝を持ちます。すると、産まれるひ孫は、ノーマルとアルビノ、ノーマルとゴールデンの割合がどちらも3:1になります。それぞれの遺伝子が独立して働くからです。このことを「独立の法則」と言います。それぞれの掛け合わせによって産まれてくる仔のグッピーが、必ずしも狙い通りの体色や尾の形状であるとは限りませんが、いろいろと試してみるのも良いでしょう。

アルビノは劣性遺伝

- グッピーの遺伝子の基本を知ろう
- 染色体で発現する内容を知ろう
- 遺伝の法則のポイントを知ろう

コラム③

観賞水槽にグッピーは欠かせない

観賞水槽づくりが趣味の本保芳人さん。ご自身の水槽をバックに

◎グッピーとの出会い

最最初のうちは山岳水槽にあこがれて観賞用水槽づくりを5年前に始めたという本保さん。

今まで 30 くらいレイアウトを作ってきたという。そんな本保さんが初めにカージナルテトラやネオンテトラなどの熱帯魚に魅力を感じたきっかけは、お子さんが飼いたいと言ったことだったという。それで何度か訪れていたアクアショップの店員から、「グッピーという魚がいるんですが、どうですか」と言われて、最初にアイボリーを見せられたとき、なんて綺麗な魚がいるんだろうと衝撃を受け、そこからグッピーに惚れ込んだといいます。

作出固定したメタルイエローグラス

作出に挑戦しているタイガーイエローグラス

忙しい仕事の合間に水槽内清掃も毎週欠かさない

◎新品種作出に挑戦

グッピー飼育家ならその多くの人たちが挑戦することの一つに自分好みのグッピーを作りたいという品種の作出があります。本保さんもグッピーを飼育していく中で、「自分の作出したグッピーをお気に入りのアクアリウム水槽で泳がせたい」との思いを持ちました。そこで2年前から作出に取り組み、今まで2種類作出固定しました。具体的には、エンドラーズ（エンドクロス）とイエローグラスを掛け合わせて「タイガーイエローグラス」（タイガー&ドラゴン）と、メタルグラスとキングコブラを掛け合わせ、それと更にタイガーイエローグラスを掛け合わせた品種「メタルイエローグラス」（写真）です。

そして目下3作目に取り組んでいるのが「タイガーイエローグラス」（写真）の作出です。まだ完成途中で、「できれば真っ黄色なタイガー柄の胴体ともっと大きな尾ビレにしたい」とその抱負を語っていただきました。品種作出で苦労してることとして、「胴体は割と作出しやすいのですが、尾ビレがなかなか思うような開きにならない」とのことでした。

今後、新品種の作出にトライしてみたい飼育家さんへのメッセージとして、「私が新品種トライしたきっかけは虎のようなグッピーを見てみたいから始まりました。先ずは自分の気に入ったボディはこれとか、こんな尾ビレ綺麗だという単純なことからチャレンジして見てください。そのグッピーで、気に入ったアクアリウム水槽で泳がして マイワールドを堪能して頂ければと思います」と。

◎自分にとっての一番の贅沢をもとめて

「最終的に自分の時間をどういう風に過ごすか？　やはり皆さん楽しみ方っていろいろあると思うのですが、私の場合は自分の気に入った水槽の前で酒を飲む。これが一番の贅沢です」と。

自分なりの最高の楽しみ方を求めて、本保さんのようなグッピーライフを送るのもいいですね。

第4章

グッピーの体の不調・病気への対処法

本章では、グッピーの体調不良や病気にかかった際の対処法について説明いたします。

コツ35 グッピーの病気とかかったあとの対処法を知っておこう

病気は早期発見、早期治療が大切です。
基本的には発病させないように環境を整えることが重要です。

症状別早見表

主な症状	可能性のある病気	解説該当ページ
頻繁に底床、石などに体を擦り付ける、体に白い点が出る	白点病	P93
体に白いふわふわしたものが付く	水カビ病	P94
尾がボロボロになる	カラムナリス病	P95
体表に血のような赤い斑点が付く	赤斑病	P96
ウロコが逆立つ	松かさ病	P97
お腹が異常なまでに膨らむ	腹水病	P98
鱗が剥がれ、真皮や筋肉が露出する	穴あき病	P99
頻繁に底床、石などに体を擦り付ける、体に黄色もしくは薄茶色っぽい点々が出る	コショウ病（ウーディニウム病）	P100
尾が広がらないで針のように細長くなる（稚魚）	ハリ病	P101
やや大きめの白点が出現する	エピスティリス症（ツリガネムシ病）	P102
ヒレを全て閉じて水面近くを苦しそうに泳ぐ	グッピーエイズ（グッピー病）	P103

白点病の症状と治療法

白点病の原因と症状

病気の原因は、イクチオフチリウス（ウオノカイセンチュウ）という、直径0.5mm程度のごく小さな繊毛虫がグッピーの体内に寄生することで起こります。

症状としては、ふだんとは様子が違って落ち着きがなくなったり、体を底砂や周りの用具に擦り付けるようにして泳ぐようになったりします。病気がどんどん進行していくと白点も増えていきます。そして、エラに寄生された場合、呼吸困難を起こして死んでしまうこともある病気です。

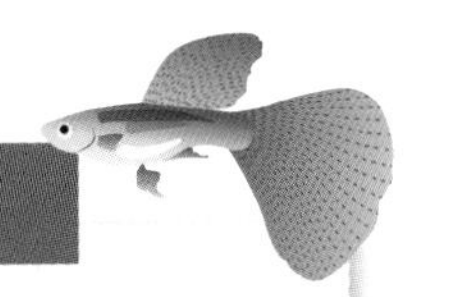

白点病の治療法

発見が初期の状態であれば治療することは十分に可能です。水槽内で泳ぐ他のグッピーにも感染していないかを確かめましょう。症状がその個体のみで、しかも白点が数個程度であれば水槽内に蔓延している可能性が低いため、その個体を隔離して治療を始めましょう。ただし、これが複数匹に及ぶようであれば、すでに蔓延しだしていることが考えられるため、水槽丸ごと処置をしていきます。

この寄生虫は、低水温には強い反面、高水温には弱いため、水槽用ヒーターで水温を28～30℃程度まで上げます。そこにメチレンブルー水溶液やマラカイトグリーン水溶液などの薬剤を使用するか、水槽水が0.5%の濃度になるように塩を入れ（塩水浴）て駆除に努めます。

なお、治療中のエサは少な目にして与えるようにしてください。いつもと同じ量ですと、弱った魚の負担になるばかりか、水を汚すことになるためです。

水カビ病の症状と治療法

水カビ病の原因と症状

水槽の中には、普通に多少の水カビ菌（真菌類）がいます。ふだんは何も悪さをしないのですが、水温が急低下したときなど、グッピーの免疫力が落ちて皮膚を保護している粘膜が弱くなったときに、この病気に感染する確率が高くなります。

症状としては、体に白いふわふわしたものが付きます。別名「わたかぶり病」とも呼ばれ、水カビ菌が体表で繁殖していき、症状が悪化すると全身が綿のようなものに覆われて、呼吸が出来ずに死んでしまうこともあります。

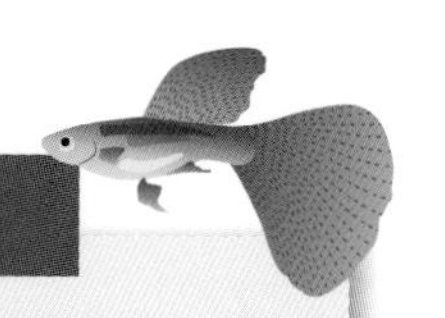

水カビ病の治療法

病気を発症したグッピーを発見たら、他のグッピーへの感染を防止するため、ただちに隔離しましょう。

また、元の水槽には水カビが繁殖しやすい環境になっているため、エサの食べ残しが底に残留していないかを確認しましょう。水カビはそうした栄養のある残留物に繁殖します。

水換えも行いましょう。

なお、水カビは、水温が 20℃以下になると発生しやすいので水温を上げることで治療効果が上がります。水槽用ヒーターで水温を 28 ～ 30℃程度まで上げ、塩水浴、あるいはマラカイトグリーン水溶液、グリーン F（薬品については P107 参照）などの薬剤を水槽水に溶かして治療を行いましょう。

カラムナリス病の症状と治療法

カラムナリス病の原因と症状

別名「尾ぐされ病」と呼ばれ、尾ヒレにフレキシバクター・カラムナリスという細菌が感染することによって起こされます。この細菌は、尾ヒレに限らず、口に感染すれば「口ぐされ病」、エラに感染すれば「エラぐされ病」という名称で呼ばれます。

カラムナリス菌自体は常在菌として水中にいる細菌ですが、グッピーの体調が悪くなり、免疫力が落ちて弱ってしまうと感染して発症します。

カラムナリス病の治療法

病気になったグッピーはすぐに隔離し、グリーンＦリキッド、観パラＤなどの薬剤を使用して治療します。なお、隔離前の水槽は、全水換え（コツ 19 参照）や掃除（コツ 21 参照）をしておきましょう。

また、フレキシバクター・カラムナリス菌は食塩に弱いため、それらの薬剤と食塩（0.3 ～ 0.5%）を併用すると効果的です。なお、こうした病気にかからせないためには、栄養不足や水質の変化、水温の急変などでグッピーの正常な生活環境を崩さないように飼育管理に気をつけましょう。

※各病気の治療法には、経験者による個人的な考えや意見が含まれていることをあらかじめご了承ください。

赤斑病の症状と治療法

赤斑病の原因と症状

体表に血のような赤い斑点が付いている場合は赤斑病の疑いがあります。赤斑病の原因は、エロモナス・ハイドロフィラという菌（運動性エロモナス菌とも言う）の感染によって引き起こされます。この菌は水温への適応力が強く、特に 25 ～ 30℃という高水温でよく増殖します。

症状としては、体表に皮下出血による赤斑が出ます。重症化すると疾患部が赤く変色して表皮が剥がれ、出血します。症状の初期段階で治療すれば完治することもありますが、気づかずにいるとその斑点が全身に広がり、最期は体力を失って死に至ります。

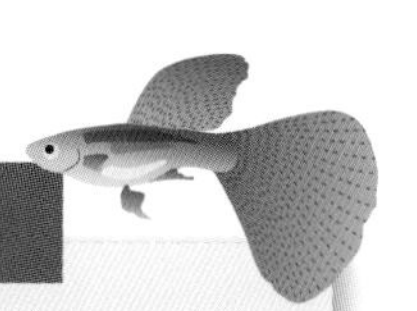

赤斑病の治療法

完治が難しい病気です。原因となるエロモナス・ハイドロフィラは常在菌であるため排除は不可能です。日和見感染で発症します。

発症したら別水槽へ隔離しましょう。その後、水温を少しずつ 22℃程度まで下げて菌の増殖を抑えた上で、塩水浴やグリーンＦリキッドなどの薬剤を使用して治療します。なお、隔離前の水槽は、全水換え（コツ 19 参照）や掃除（コツ 21 参照）をしておきましょう。

松かさ病病の症状と治療法

松かさ病の原因と症状

松かさ病は、前述のエロモナス・ハイドロフィラ菌の感染によって起こされます。
症状としては、ウロコが逆立ちます。症状が悪化すると松ぼっくりの様に膨らんで死に至ります。
なお、同じ細菌によって起こされる腹水病（P98参照）を併発していることが多くあります。

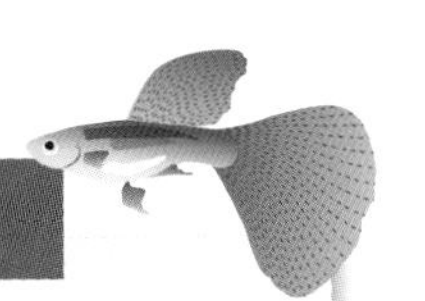

松かさ病の治療法

この病気も対処が遅れると完治が難しいです。原因となるエロモナス・ハイドロフィラは常在菌であるため排除は不可能です。日和見感染で発症します。
発症したら別水槽へ隔離しましょう。その後、水温を少しずつ22℃程度まで下げて菌の増殖を抑えた上で、塩水浴やグリーンFリキッドなどの薬剤を使用して治療します。なお、隔離前の水槽は、全水換え（コツ19参照）や掃除（コツ21参照）をしておきましょう。

※各病気の治療法には、経験者による個人的な考えや意見が含まれていることをあらかじめご了承ください。

腹水病の症状と治療法

腹水病の原因と症状

お腹が異常なまでに膨らむ病気です。

原因は、これも前述のエロモナス・ハイドロフィラ菌の感染によるものとされています。内臓に炎症を起こして体内に水が溜まります。消化器官が機能しなくなり、白い糸のようなフンをします。進行すると死に至ります。メスは産仔前の状態と酷似しているため、発見が遅れる可能性があり、非常にやっかいな病気です。

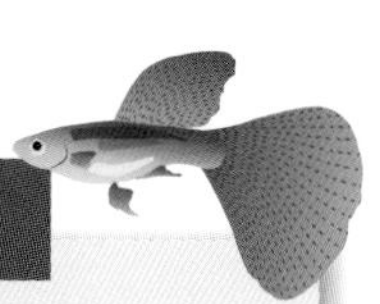

腹水病の治療法

発見したら、隔離してまずは塩水浴です。まだ症状が軽い初期の段階であれば治すことができます。腹水病のみであれば、伝染する病気ではありませんので、元いた水槽の水を全て入れ換えるまでは必要ありません。

塩の濃度は0.5%から最終的に0.7%程度まであげて様子を見てください。それで改善の兆候が見られない場合は、そこに観パラDやグリーンFゴールドなどを入れて薬浴させると効果的です。

穴あき病の症状と治療法

穴あき病の原因と症状

グッピーの鱗が剥がれ、真皮や筋肉が露出するといった症状が出ます。エロモナス感染症の一種で、エロモナス・ソブリア菌によって起こされる病気です。常在菌による日和見感染症のため、原因の菌を完全除去することはできません。ストレスや水質の悪化などで生体が弱ったときに発症する病気の１つです。

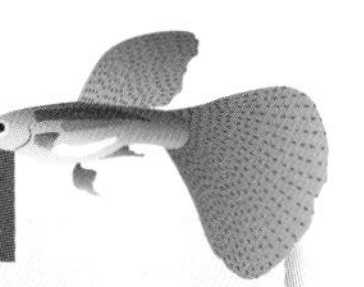

穴あき病の治療法

発症したら別水槽へ隔離しましょう。この菌は 20℃以下の比較的低い水温で活発化するため、治療には水温を 28 ～ 30℃にあげて、塩水浴と観パラ D などを使った薬浴を併用して行ないましょう。なお、隔離前の水槽は、全水換え（コツ 19 参照）や掃除（コツ 21 参照）をしておきましょう。

※各病気の治療法には、経験者による個人的な考えや意見が含まれていることをあらかじめご了承ください。

コショウ病（ウーディニウム病）の症状と治療法

コショウ病（ウーディニウム病）の原因と症状

症状としては、白点病と見た目は似ていますが、やや黄色もしくは薄茶色っぽい点々が現れます。まるでコショウを振りかけたような状態になります。そして、グッピーが体を震わせたり、かゆさのため、頻繁に底床、石などに体を擦り付けようとします。この病気の原因は、「ウーディニウム」という渦鞭毛藻（うずべんもうそう）類が、グッピーの体に寄生して起こされます。寄生されると体液を吸われたり、エラに寄生して低酸素症を起こしたりしてやがて衰弱死してしまいます。

コショウ病（ウーディニウム病）の治療法

効果的なのは、個体を隔離後、水温を 28 ～ 30℃位に上げての塩水浴やマラカイトグリーン水溶液、メチレンブルー水溶液などを使っての治療法です。

なお、元の水槽は全水換え（コツ 19 参照）をし、フィルターなども綺麗に洗浄して清潔にしておきましょう。

ハリ病の症状と治療法

ハリ病の原因と症状

ハリ病は、尾が広がらないで針のように細長くなることから名づけられた病気です。稚魚に発症する病気です。

原因としては詳しくは解明されていませんが、個体の栄養失調や水質悪化、近親交配による弱体化、親がキャリアで仔への伝染によるもの、などとされています。

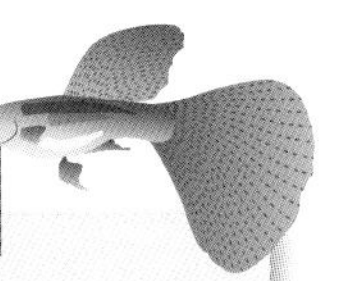

ハリ病の治療法

個体を隔離後、0.2～0.5%濃度の塩水浴をさせ、回復しなければメチレンブルー水溶液、グリーンFリキッドを使用すると効果があるとされています。

なお、元の水槽は、全水換え（コツ19参照）をし、掃除（コツ21参照）をしておきましょう。

※各病気の治療法には、経験者による個人的な考えや意見が含まれていることをあらかじめご了承ください。

エピスティリス症（ツリガネムシ病）の症状と治療法

エピスティリス症（ツリガネムシ病）の原因と症状

体表に白点病よりやや大きめの白点が出現します。病気が進行すると、ウロコが脱落し筋肉が露出してきます。
原因は、寄生虫のエピスティリス（ツリガネムシ）が、魚の体表やウロコに寄生することにより起こります。
感染経路としては、外部から新たな魚や生きエサなどをそのまま飼育水ごと水槽に入れてしまうことで水槽内に侵入してしまうことが多いです。特に購入後の新たな魚はトリートメント（隔離水槽で薬浴などをすること）をしてから混泳させましょう。

エピスティリス症（ツリガネムシ病）の治療法

隔離して、症状がまだひどくない場合は塩水浴で、病気が進行していると思われる症状の場合は、塩水浴＋薬浴剤としてメチレンブルー水溶液やグリーンＦリキッドなどを使うと良いでしょう。見た目は白点病に間違われやすい病気です。対処を間違わないように気をつけましょう。
なお､元の水槽は全水換え（コツ 19 参照）をし､フィルターなども綺麗に洗浄して清潔にしておきましょう。

グッピーエイズ（グッピー病）の症状と治療法

グッピーエイズ（グッピー病）の原因と症状

現在なお不治の病と言われています。感染力も強く、いつの間にか全てのグッピーが感染し、進行が早く全滅に至るケースも少なくありません。

症状としては、ヒレを全て閉じて水面近くを苦しそうに泳ぐ様子が見てとれます。

原因の詳細は不明です。特に外国産グッピーとの混泳によって引き起こされる可能性が高い病気です。しかし、原因はそればかりではありません。混泳させていなくても、水質の悪化や水質の急変を契機に国産グッピーも発症する可能性もあります。

グッピーエイズ（グッピー病）の治療法

現在のところ、有効な治療法はありません。とは言え、試してみる価値がある方法があります。水温を 20℃以下に下げると病気の進行が抑えられることが知られています。その後、グリーンＦリキッド、観パラＤという治療薬を使ってみることです。ある程度効果があると言われています。

なお､元の水槽は全水換え（コツ 19 参照）をし､フィルターなども綺麗に洗浄して清潔にしておきましょう。

※各病気の治療法には、経験者による個人的な考えや意見が含まれていることをあらかじめご了承ください。

コツ36 塩水浴をさせよう

絶えず淡水の中で生活しているグッピーにとって、塩水浴を正しく行うことで体力回復の機会になります。塩水浴は、自然治癒力を高める方法なのです。ここでは、その原理を知り、今後元気の無くなったグッピーを回復させるために、必要になった際に適切に塩水浴をさせてあげることができるようにしましょう。

その1　どうして塩水浴は良いのか？

この療法には浸透圧の原理が大きく関わっています。浸透圧とは、水溶液を例にすると、濃度の違う２つの水溶液があり、その間に水分のみを通す仕切りの膜を挟んだ場合、現象として濃度の薄い方から濃度の濃い方へ水分が移動します。このことを浸透圧現象と言い、そこに働く力を浸透圧と言っています。

そのことを前提にすると、グッピーは絶えず淡水の中で生活していますが、グッピーの体には 0.6％の塩分が含まれた血液が流れています。実はそこで浸透圧の原理が働き、絶えず水槽内で体を包む真水が、グッピーの体内に侵入しようとしているのです。それを体機能として防衛しているのが、体表面の粘膜なのです。しかし、それでも防ぎ切れずに体に水分は入ってきますが、余分な水分は体機能の働きで尿として排出されます。そうしたメカニズムを支えるため、グツピーの体内では絶えずエネルギーが消費されています。

塩水浴は、グッピーの血液よりやや少なめの塩を水に入れる（通常塩分濃度は 0.5％）ことで、浸透圧現象が緩和され、その分エネルギーの消費がなくなります。つまり、エネルギーを蓄えることができ、自然治癒力を高めることができるようになるのです。

さらに、塩の主成分である塩化ナトリウムには、多くの寄生虫や病原菌に対して殺菌効果が期待できます。塩水浴には、それらの相乗効果が望めます。

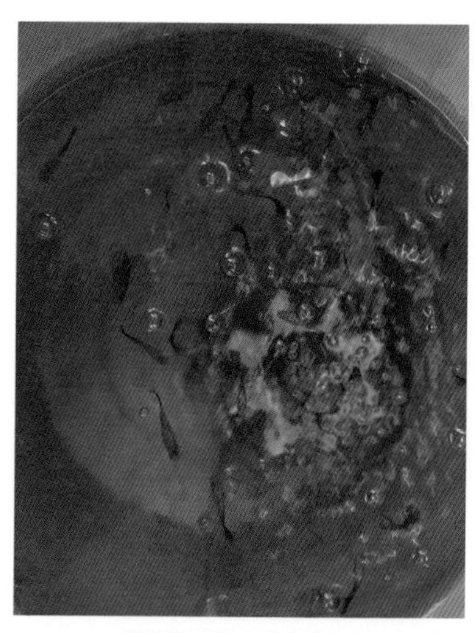

別容器に移して塩水浴させている様子

その2　塩水浴をするタイミングと期間は

塩水浴は、元気の無くなった病気前の状態であれば、非常に効果的な療法となります。また、病気にかかったとしても、まだ軽い段階であれば、病気の原因菌を殺菌し、体力を回復させて自らの治癒力を高める手助けになります。つまり、病気の予防や病気の初期症状には非常に有効です。標準の0.5%濃度とは、水1リットルに対して5gの塩を入れることです。期間は3日～1週間様子を見ましょう。

なお、元気になったら止めていいのですが、止め方に注意すべきことがあります。塩水浴に慣れた体へ急な負担がかからないように、徐々に薄めていくようにして、塩分の少ない水に慣らしてから元の水槽に戻してあげましょう。

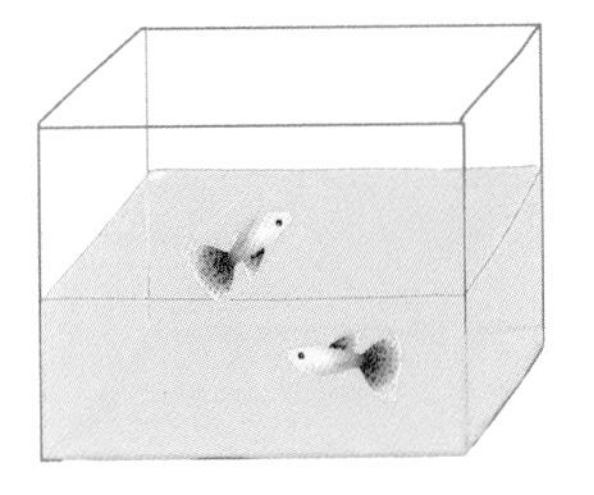

3日～1週間様子を見よう

その3　塩水浴で注意すること

実際に行う際は、水草やエビなどが混泳している水槽では、それらに悪影響が出てしまいます。また、水中のろ過バクテリアにも悪影響が出てしまうため、別の水槽を用意するか、それらを別の水槽に移して実施しましょう。水槽や別に用意した容器などの水量をあらかじめ測った上で塩を投入します。なお、塩は家庭料理に使われる精製された塩よりは、天然の岩塩や粗塩もしくは塩水浴専用の塩を使いましょう。

天然の岩塩

- 塩水浴がどうして良いのかの原理を知る
- 塩水浴の適切なタイミングと期間を知る
- 塩水浴をさせる水槽には注意が必要

コツ37 薬浴をさせよう

薬浴とは、その名の通り市販の魚病薬を水槽などの水に溶かしてその中を泳がせることで、病気を治療する方法です。正しい魚病薬の選択と正しい使い方をしましょう。

その1 どんなときに薬浴をするか

薬浴は、グッピーに病気が疑われるときや病気にかかってしまったときのほかに、ショップなどからの購入後、自ら管理する水槽に入れる前に行います（「トリートメント」という）。

薬品ごとにそれぞれ決められた薬効期間が記載されていますが、その有効期間いっぱいまで薬浴するということではありません。トリートメントの場合は通常24時間程度、病気や病気が疑われるときは、グッピーの様子を見て、薬効期間に限らずに体が回復・元気になってきたら通常の水に戻すかどうかを検討しましょう。

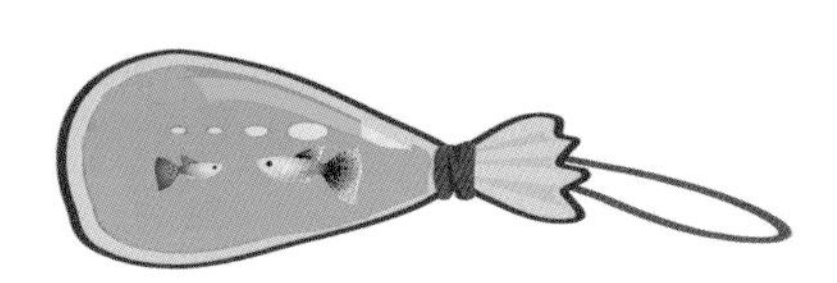

購入後水槽に入れる前に

その2 塩水浴の併用でさらに効果を高める

魚病薬は塩水浴と同時に使えます。塩水浴には前述のとおり、グッピーの体調を整え、自然治癒力を高める上で有効です。薬浴と同時に塩水浴を行うことで治療効果を上げることができます。

なお、塩水浴との併用薬浴は、塩分に弱い魚（混泳魚としてカラシン類［ネオンテトラ、カージナルテトラ、ラスボラなど］）には使用できませんので、注意しましょう。

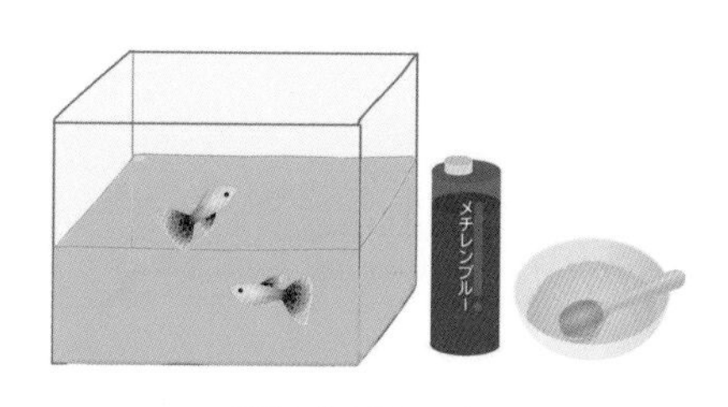

薬浴と塩水浴を同時にさせると効果的

その3 それぞれの症状・病気に効く薬

コツ35で紹介した症状・病気に効く薬を一覧にしてみました。それぞれの薬品は使用上の注意をよく読んで、正しい容量・用法で薬浴させてあげてください。

症状・病名	薬品名（（）内は製造販売元、株式会社省略）
白点病	メチレンブルー水溶液、マラカイトグリーン水溶液アグテン、グリーンF、ニューグリーンF、アグテンパウダー（以上、日本動物薬品／ニチドウ）、ヒコサンZ（キンコウ物産）、フレッシュリーフ（ジェックス）、メチレンブルー液など（津路薬品工業）、スーサンエース（日本発酵飼料）など
水カビ病	グリーンF、ニューグリーンF、グリーンFリキッド、メチレンブルー水溶液（以上、日本動物薬品／ニチドウ）、ヒコサンZ（キンコウ物産）、フレッシュリーフ（ジェックス）、メチレンブルー液、サンエース（以上、津路薬品工業）、スーサンエース、ジブラエース（以上、日本発酵飼料）など
カラムナリス病	グリーンF、ニューグリーンF、グリーンFリキッド、メチレンブルー水溶液、合成抗菌薬浴剤観パラD、マラカイトグリーン水溶液アグテン（以上、日本動物薬品／ニチドウ）、ヒコサンZ（キンコウ物産）、フレッシュリーフ（ジェックス）、メチレンブルー液（津路薬品工業）、スーサンエース（日本発酵飼料）など
赤斑病、松かさ病	グリーンF、ニューグリーンF、グリーンFゴールド、グリーンFリキッド(以上、日本動物薬品／ニチドウ)、フレッシュリーフ(ジェックス)、ハイートロピカル、サンエース（以上、津路薬品工業）など
穴あき病	グリーンFゴールドリキッド、合成抗菌薬浴剤観パラD、グリーンF、ニューグリーンF、グリーンFゴールド（以上、日本動物薬品／ニチドウ）、フレッシュリーフ（ジェックス）、ハイートロピカル、サンエース（以上、津路薬品工業）など
コショウ病	メチレンブルー水溶液、マラカイトグリーン水溶液アグテン、アグテンパウダー、グリーンF クリアー、グリーンFリキッド、グリーンFゴールド（顆粒）、合成抗菌薬浴剤観パラD、観賞魚用エルバージュエース（以上、日本動物薬品／ニチドウ）など
ハリ病	メチレンブルー水溶液（津路薬品工業）、グリーンFリキッド（日本動物薬品／ニチドウ）
腹水病	合成抗菌薬浴剤観パラD、グリーンFゴールド（以上、日本動物薬品／ニチドウ）
エピスティリス症	メチレンブルー水溶液、アグテンパウダー、グリーンFゴールド（顆粒）、合成抗菌薬浴剤観パラD、観賞魚用エルバージュエース、グリーンFリキッド（以上、日本動物薬品／ニチドウ）
グッピーエイズ	グリーンFリキッド、合成抗菌薬浴剤観パラD（以上、日本動物薬品／ニチドウ）

出典：各社HPほか（2021年4月末現在）

※各薬品の病気に対する使い方には、経験者による個人的な考えや意見が含まれていることをあらかじめご了承ください。

コラム④

地震と水槽の安全対策

被災例／ 2021 年 2 月 13 日に発生した福島県沖地震、最大震度 6 強にて倒れた水槽棚

地震といった自然災害はいつ発生するか分かりません。もしも大きな地震が発生したら……。私たち人間の安全対策はもとより、日々大切に飼育しているグッピーのことも考えなくてはなりません。

◎水槽の安全対策

まず水槽の安全対策のために実施しておくことは、水槽の固定です。台に直置きしている場合には、水槽用耐震マットなどで滑り止めをしておきましょう。していないと、大きな揺れが起きたときに台から落下してしまいかねません。また、そうした地震では水槽を置いた台自体が転倒しかねません。それを防止するためには、水槽をその台ごと壁に固定することができる耐震バンドなどを利用しておくと安心です。また、たとえそこまでの対策ができたとしてもつい見落としがちなのは、近くに倒れてくる物が置いてあったり、上から落ちてくる物があったりする場合です。特にそれがある程度の重量物である場合には、水槽に大きなダメージを与えかねません。したがって、水槽の直近は特に倒れたり落ちてきたりする物が無いようにしておく必要があります。また、水槽自体の破損対策としては、特に水槽がカラス製の場合には、割れた際の飛散防止のためのガラスフィルムを貼っておくといいでしょう。このことで、破損した際に一気に漏水する危険も避けられるでしょう。

漏水や漏水時の危険物対策

大きな揺れの際に発生する水漏れ対策としては、水槽へフタをしておくことがある程度の対策となるのですが、もし無かった場合にはラップフィルムであらかじめ水槽上の開口部を覆っておくと漏水を防ぐ効果が見込めます。すぐに取りして使えるように準備だけはしておきましょう。

また、ヒーターに関しては、現在出回っている製品は、何かがあった場合に、空焚きによる事故のリスクが低減するように設計された、安全性の高いものが多いのですが、古い製品をそのまま使っていたり、そうした安全機能がないヒーターを使っていたりする場合がありますので、念のために製品説明書などで確認しておくことをお勧めいたします。

電源リスク対策については、水槽は、できればコンセントやタップから離れた場所に置くことが理想ですが、どうしても近くに置かざるを得ない場合は、防水カバーなどを付けておきましょう。漏電での感電事故は、ともすれば人や飼育動物の命にかかわることですので、特に避けたい被災事故の一つです。

いずれにせよ、突発的な地震災害に対して完璧な対策はなかなかできないのが現状だと思います。しかし、少しでもその被害を小さくとどめておくには、日ごろからのリスクへの意識とできる範囲での具体的な行動が必要です。

第5章

第５章 観賞して楽しもう

本章では、観賞用水槽作りのコツや楽しみ方を
お伝えいたします。

コツ38 水槽のレイアウトを考えよう

室内に置かれた水槽は、いろいろなものが乱雑に配置されているより、美しくレイアウトされている方が見る人の目を楽しませてくれます。ゴチャゴチャと何でも入れて雑然とした水槽にしないよう、また殺風景になりすぎないよう、自分のアイデアを反映したレイアウトを考えてみましょう。

その１　グッピーの飼育の基本は守ろう

水槽のレイアウトは、適切なグッピーの飼育管理ができ、元気に泳いでいることが大前提です。前述の通り、グッピー１匹に対して水は１リットル必要です。成魚でも数センチという小さな魚ですが、くれぐれも過密飼育は避けましょう。また、綺麗だからとアクセサリー類を水槽に入れ過ぎて、グッピーの遊泳可能範囲が狭くなり過ぎてしまうのも良くありません。当然、長期の飼育には向きません。

観賞用とは言え、グッピーの生活が一番大事

その２　水槽レイアウトの３つの基本構図

水槽レイアウトには、美しく見せるための基本となる構図があります。それは、三角構図、凸型構図、凹型構図です。

三角構図

三角構図とは、左右どちらかに水草やアクセサリー類（流木、石など）を配置してボリューム感を演出するスタイルです。三角形のバランスが取れていれば右寄せでも左寄せでも OK です。

凸型構図

凸型構図とは、中央にボリュームをもたせ、左右に空間を作る構図です。奥行き感よりも横の広がり感を意識した構図です。

この構図は、正面からも左右の横からも水槽を見て楽しめるレイアウトになります。

凹型構図

最後の凹型構図とは、水槽中央に空間を作り、水槽の両端に岩や背の高い水草を配置するなど、左右にボリュームをもたせたスタイルです。奥行き感の演出がしやすく、見た目に最もバランスの取れた構図となります。

- グッピーの飼育の基本は守る
- 水槽レイアウトには基本的な３つの形がある

コツ39 低床をレイアウトに生かそう

水槽のレイアウトで基本になるのは、何と言っても低床です。低床はいろいろな色やタイプが市販されています。この砂の色や種類を変えるだけで、水槽の印象は全く違ったものになりますので、つくりたいレイアウトに合わせて低床を選びましょう。

その1　水草や他に入れるものとの相性を考えて選ぼう

ある気に入った水草があり、それを植えるためには低床にソイルしか使えないといった場合、水質が酸性方向に傾いてしまうため、他の混泳の生き物に影響がでないかを検討する必要があります。水草を入れるにしても、低床は基本的には水質に影響を与えないものが良いでしょう。低床選びは、水槽内に他に入れるものともトータルに考えて選びましょう。

ソイルはミナミヌマエビと相性が良い

その2　生体メインであれば砂利系がお勧め

グッピー単独かもしくはコリドラスなどを混泳させる場合、低床は砂利系のものがお勧めです。もちろん、ソイルも使用できますが、日々の掃除などの維持管理に手間がかかります。また、コリドラスなどの遊泳層が下層の生き物は、エサを得るために底にあるものを口に含むため、砂利の方が良いでしょう。

砂利系は水質に大きな影響を与えない

その3　考えたレイアウトに合わせて低床を入れよう

奥行き感を出すためには、奥に行くほど底床を厚くしていくのが基本です。実際の底面積も広くなります。幾何学的、あるいは左右対称のレイアウトにしたいなら、底床砂は平らに敷きましょう。背景の個性を無くすことでグッピーや水草をより引き立たせることができます。また、左右どちらかを盛り上げたり、中央だけ谷のようにすると、変化のあるレイアウトをつくることができます。

奥の方を厚くして奥行き感を出す

- 水草や他に入れるものとの相性を考える
- 生体メインは砂利系がお勧め
- 工夫を凝らして低床を入れよう

コツ40 石を配置しよう

底に低床を敷いただけでも、水槽の中の雰囲気はぐっと良くなりますが、グッピーを入れておく水槽は自然観溢れるレイアウトに挑戦したいもの。そのためには石を上手に配置してみましょう。立体的で変化のあるデザインができあがります。

その1　石を置いて水質浄化も図ろう

石を置くと、低床の地形に変化をもたらすなど、見た目にも良い雰囲気に仕上がります。
また、それだけでなく表面がザラザラした溶岩石などは多孔質のろ過材と同様に体積当たりの表面積が大きくなるので、その表面にはろ過バクテリアが棲み着き、水質の浄化にも役立ちます。低床の持つ質感と上手く組み合わせて、自然観溢れる雰囲気をつくり出してみましょう。

表面がザラザラした石は、水質を向上させる働きもある

その2　必ず観賞魚用の天然石を使おう

川原で拾った石や公園で見つけた石など、手近な石を入れるのは悪いことではありませんが、そういった石の中には水質を変化させてしまったり、有毒物質が溶け出すものもあります。水槽に入れたのに、グッピーが体調不良になったり、死んでしまったのでは、せっかくの工夫が台無しに。水槽のレイアウトには、必ず観賞魚用の天然石を使いましょう。

アクアショップなどで販売されているものなら安心です。

水質を悪化させない観賞魚用に販売されている石なら安全

その3　石の重さを考えて入れよう

石は概して重いので、大きめの水槽の場合、レイアウトに大量の石を入れると、総重量もかなりのものになってしまいます。また、それらが万一崩れた場合には、水槽が割れて家中が水浸しになってしまう恐れもあります。

水槽のレイアウトに石を多めに使う場合には、大きさや量、さらに安定した場所へ左右バランスよく配置するよう心がけましょう。

石は重いのでバランス良く、安定したところに配置しよう

- 石は水質もきれいにしてくれる働きがある
- 水質を変化させない観賞魚用の石を選ぼう
- 石の重さを考えて、バランス良く置こう

コツ41 流木を置いてみよう

低床と石を置くと、起伏のある水槽レイアウトができあがります。そこでもうひと味プラスするなら、流木の配置をお勧めします。川底をのぞいてみると、周囲の枯れ木が沈んでいて、そこに小魚が棲み着いていたりします。そういう感じを出してみるのもいいでしょう。

その1　流木のメリットを知ろう

水槽内を自然な雰囲気にしたい場合に役立つ流木。しかも装飾的な効果だけではなく、グッピーを落ち着かせたり、弱い個体が隠れることのできるスペースを確保できます。また、ろ過バクテリアがつきやすく、水質を酸性方向の軟水にする効果もあります。水草を活着させることもできるので、水換えや水槽を掃除するときにも便利です。

流木は入れるだけで自然な雰囲気がつくれる便利な素材

その2　水質に影響のないものを選ぼう

流木は、形や質感の違うさまざまなタイプのものがペットショップやアクアショップで販売されています。

基本的にどんなものを使っても良いのですが、水質に影響を与えることが少ないものを選びましょう。

中には、入れると水質の悪化を引き起こしたり、コケが生えやすくなってしまうものもあるので注意しましょう。

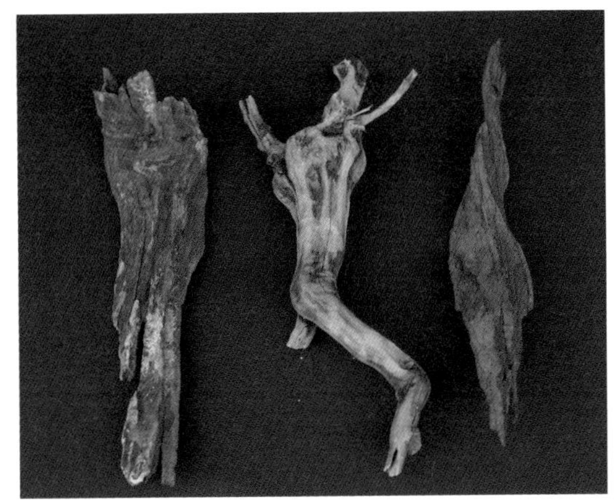

形や質感などバラエティ豊かなタイプがある

その3　入れる前にアク抜きをしよう

川原や海辺などで拾ってきた流木は、生木だったり、塩抜きが必要なものもあるので注意しましょう。市販の流木も、基本的に購入後のケアが必要です。そのままでは大量のアク（フミン酸等）が水槽の水に溶け出してしまうので、一度アク抜きをしてから使います。

アク抜きは、流木を鍋に入れて数時間煮沸する、容器に入れて水没させ、定期的に水を換えながら１ヵ月ほど置いておく、市販のアク抜き剤を使うなどの方法で行います。

流木は使う前に水やお湯でアクを抜こう

- **流木はグッピーの隠れ家にもなる**
- **水質を悪化させるものがあるので注意しよう**
- **水槽に入れるのはアクを抜いてから**

コツ42 水草を配置しよう

水槽レイアウトの基本ができたら、あとはさらに立体的に見せるために水草の配置です。水草にはいろいろなタイプがあるので、バランスを見ながら、泳ぐグッピーの姿を際立たせるように入れてみましょう。

その1　水草を入れる効果を知ろう

水槽のレイアウトを美しく演出するのはもちろん、水槽の中に自然のサイクルを再現するためにも、水草はとても重要な働きをします。

水草の新芽の健康度合いをチェックすることで、水槽内の状態を把握することもできます。こういうことでも、水槽に水草を入れることは大切です。また日常的にグッピーの隠れ場所にもなります。

水草は水槽内の状態を知るバロメーター

その2　水槽のサイズに合った水草を選ぼう

小型で背丈が高くならない水草（前景草）、やや大きく前景と後景を繋ぐ水草（中景草）、背丈が大きくなる水草（後景草）をバランス良く配置しましょう。石や流木などを使用するときには、まずこれらでレイアウトの骨格をつくってから、水草を植えましょう。

同じ種類の水草をまとめて植えるとまとまり感が出ます。またそれぞれの水草の成長スピードやサイズを考えて、間隔を取って植えるときれいに仕上がります。

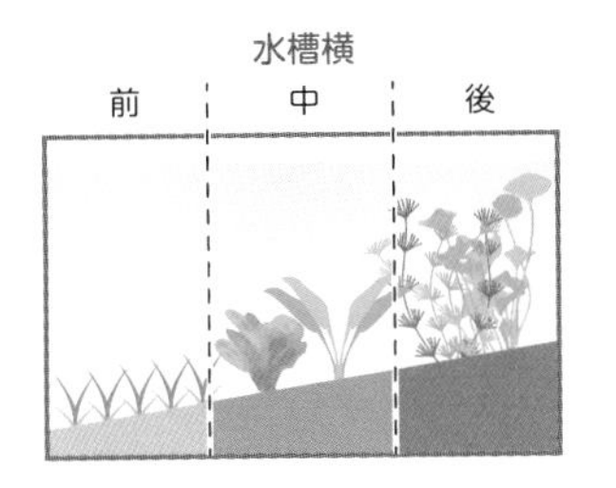

サイズのバランスを見ながら美しく配置しよう

その3　水草の特性を知って選ぼう

ほとんどの水草は水槽レイアウトに使うことができます。しかし、ひとつの水槽には、成長が早い種類か、成長の遅い種類の水草のどちらかに揃えたほうが管理はラクです。

成長の早い水草は新鮮な水と明るい光を好むので、水換えや伸び過ぎた水草の剪定など、手間をかけられる場合でないと選ばないほうが無難です。

逆に成長の遅い水草は、こまめに水を換える必要はありません。

成長スピードが早いアナカリス

- 水草は水質も知らせてくれる
- 水草には成長が早いものと遅いものがある
- サイズを考えて、丈のバランスを見ながら植えよう

コツ43 ガラス細工、陶器なども配置してみよう

低床と石、流木が配置され、水草が適度に水の中で揺らめくと、水槽内は自然の雰囲気が溢れる小宇宙が広がります。ここに、スパイス的にガラスや陶器のオブジェなどを加えてみるのもオリジナルなレイアウトをつくる楽しみになります。

その1　お土産のガラス細工を置いてみよう

ファンシーショップや土産物店などで売られている、動物や家の形などをした小さなガラス細工も、水槽レイアウトに活用しましょう。ガラスは透明なので、水の中でキラキラと反射したり、ガラス細工に隠れているグッピーがガラスを通して見えたりで、水槽の雰囲気を幻想的にしてくれます。水族館のお土産コーナーにも魚の形などのガラス細工が売られていますので、行ったときに、自分の水槽に合うものを探してみましょう。

ガラス細工は水中を美しく演出する

その2　陶器の小物を置いてみよう

陶器の小物や器なども、レイアウトに使えます。素焼きのテラコッタの壺や縦長のコップ、アクセサリーの土管などは、グッピーの隠れ場所や寝床にもなります。

水槽の中は水草が入っているとグリーン一色の世界になってしまいがちなので、カラフルな陶器はアクセントになり、個性的な水槽づくりができます。

形によってはグッピーの隠れ場所になる

その3　季節感を楽しもう

四季の変化に合わせて、水槽内に季節感をプラスしてみるのも小さな楽しみ。

夏なら透明なガラス細工を入れたり、陶器の水車小屋などのオブジェを入れてみても良いでしょう。

また、冬ならクリスマスのスノードームやツリーなどの小物やサンタのオブジェをディスプレイしたり、水槽のガラスの外側にスノースプレーで雪のデコレーションをプラスしたり、シーズンに合わせた水槽の演出を考えてみましょう。

サンタとクリスマスツリーのオブジェでクリスマスの季節感を演出

- ガラス細工は水槽のアクセントにしよう
- 陶器を上手く配置して個性的な水槽にしよう
- 季節感をプラスするともっと楽しい

実はたくさんあるグッピーの種類

グッピー図鑑

グツピーは今日でもなお世界中で多種多様な品種が作出されています。今後も尽きることなく、美しい体の模様やヒレを持った新たな品種が誕生し、私たちの目を楽しませてくれるでしょう。

ここでは、そのようにして誕生した数ある品種の中の一部を尾の模様で分類してご紹介します。

ソリッド

尾ビレの色を大きく分類しますと、「ソリッド（単色）」と「マルチカラー（多色）」があります。ソリッドは、単色で模様が入っていません。レッド、イエロー、ブルー、ホワイト、ブラックなどがあります。全身もほぼ単色系です。

ゴールデンフルレッドタキシード

リアルレッド
アイアルビノフルレッド

サンセットフルレッドタキシード

サンセットドイツ
イエロータキシードリボン

リアルレッド
アイアルビノフルレッドタキシード

ドイツ
イエロータキシードリボン

モザイク

ヒレの根本に黒か濃紺の発色が見られ、尾ビレ全体にモザイク模様の派手な色彩をしているのが特徴です。

ブルーモザイクリボン

ブルーモザイク

シルバーラドブルーモザイク

リアルレッドアイアルビノモザイク

シルバーラドモザイクスワロー

アンモライトブルーモザイク

モザイクリボン

サンセットモザイク

モザイク

モザイク

ブルーモザイクタキシード

アイボリーオールドファッション
モザイク

ターコイズモザイク

コーラルブルーモザイク

オールドファッション
ブルーモザイク

ルチノーサンセットブルーモザイク

グラス

透明感のある芝目模様が特徴です。模様の形状はモザイクと似ていますが、それよりも細かな模様となっています。ちなみにグラスという呼び名は、ガラス（glass）と芝（grass）という言葉からきています。

シルバーブルーグラス

リアルレッドアイアルビノ
ブルーグラス

イエローグラス

監修者プロフィール

BLUE PLANET

埼玉県越谷市にある小型美魚の専門店。
代表の濱野宏司氏は1984年生まれ。大学を経て某アクアリウムショップに約8年間勤務、その後2013年に独立・開業。店頭でのグッピーコンテストの開催とその審査員、『月刊アクアライフ』（エムピージェー発行）主催のグッピーコンテスト審査員等を務める。
「BLUE PLANET」では、国産グッピー・シュリンプ各種・アピストグラマ・水草などを販売。ベテランブリーダー作出のコンテストグレードや新品種などの国産グッピーを取り揃えているほか、初心者向けには店内で殖えたグッピーを安価で販売している。

STAFF

編集・制作プロデュース／有限会社イー・プランニング
DTP・本文デザイン／小山弘子
イラスト／田渕愛子ほか
カメラ／上林徳寛
監修協力／上手健太郎（獣医師）
写真提供・撮影協力／鈴木将則
本保芳人

専門店が教える　グッピーの飼い方
失敗しない繁殖術から魅せるレイアウト法まで

2021年5月30日　第1版・第1刷発行

監修者　BLUE PLANET（ぶるーぷらねっと）
発行者　株式会社メイツユニバーサルコンテンツ
代表者　三渡　治
〒102-0093 東京都千代田区平河町一丁目1-8
印　刷　三松堂株式会社

© イー・プランニング ,2021.ISBN978-4-7804-2469-0 C2077 Printed in Japan.

ご意見・ご感想はホームページから承っております。
ウェブサイト　https://www.mates-publishing.co.jp/

編集長：折居かおる　副編集長：堀明研斗　企画担当：千代　寧